好包装的材料应用

善本出版有限公司 编著

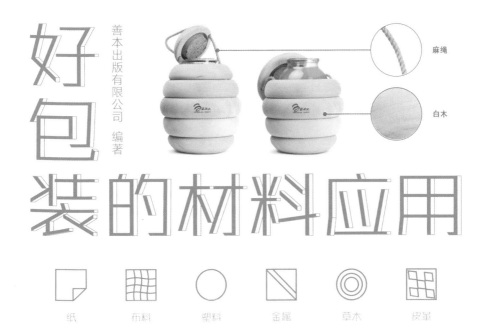

麻绳

白木

纸　布料　塑料　金属　草木　皮革

U0346750

人民邮电出版社

北京

图书在版编目（CIP）数据

好包装的材料应用 / 善本出版有限公司编著. -- 北
京 ：人民邮电出版社，2021.9
ISBN 978-7-115-56947-9

Ⅰ．①好… Ⅱ．①善… Ⅲ．①包装材料－研究 Ⅳ.
①TB484

中国版本图书馆CIP数据核字(2021)第157623号

内 容 提 要

产品包装可能会用到多种材料，如纸、布料、塑料、金属、草木和皮革，本书着重解析了这六种包装材料的性能、特点，并通过大量包装设计案例展示了这些材料的应用。案例所涉及的产品类型多样，包装形态各异，每一种材料的选择都经过了仔细的考量，可以为读者提供参考。

本书适合包装设计专业的师生学习，也可供包装设计师和工程技术人员阅读。

◆ 编　著　善本出版有限公司
　责任编辑　赵　迟
　责任印制　马振武

◆ 人民邮电出版社出版发行　　北京市丰台区成寿寺路 11 号
　邮编　100164　电子邮件　315@ptpress.com.cn
　网址　https://www.ptpress.com.cn
　北京宝隆世纪印刷有限公司印刷

◆ 开本：690×970　1/16
　印张：12.25
　字数：330 千字　　　　　　　2021 年 9 月第 1 版
　印数：1 - 2 500 册　　　　　　2021 年 9 月北京第 1 次印刷

定价：119.00 元

读者服务热线：(010) 81055410　印装质量热线：(010) 81055316
反盗版热线：(010) 81055315
广告经营许可证：京东市监广登字 20170147 号

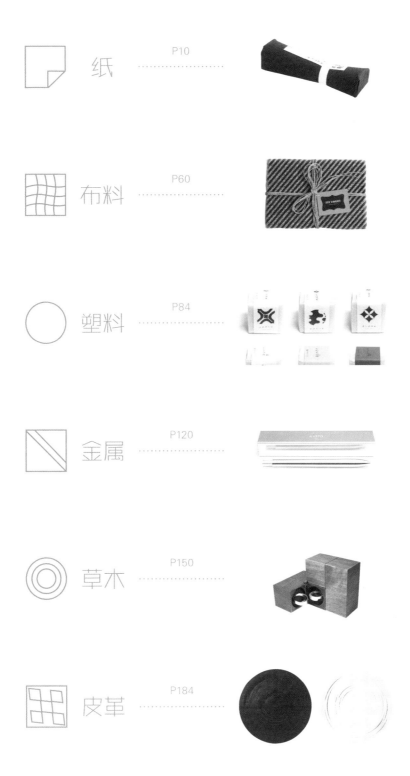

目录

前言

软性包装 一种回应不断发展的消费者需求的方式

俄罗斯品牌设计策划公司（Brand Brothers Russia）
亚历山大・朱尔本科（Alexander Zhurbenko）执行合伙人
斯维特拉娜・普罗妮娜（Svetlana Pronina）战略总监

在过去的十年里，我们工作室的专家们见证了品牌推广和包装设计行业的数次重大改变。作为产品制造商的设计顾问，我们会定期记录包装行业的新变化和新机遇，分析影响各种变化的市场因素。在我们看来，其中最突出的变化趋势就是软性包装使用数量的显著增长。

毫无疑问，软性包装如今是我们绝大多数客户青睐的包装形式，产品范围涵盖茶、咖啡、日用百货、糖果点心、乳制品、熟食、方便食品、婴儿食品、卫生用品及美容产品等。软性包装的普及现象可以从两个方面来解释。

我们先从经济角度来看，使用软性包装可以让制造商控制成本，节约包装材料、仓储及物流费用，从而有效地降低货物成本，创造竞争优势。

再从消费者的期望来看，省钱的诉求是另一项推动软性包装广泛应用的重要驱动力。大多数消费者总是尽可能地选择物美价廉的东西，避免花冤枉钱。

基于上述两个原因，制造商面临着尽量使包装成本最低的问题，营销人员需要突出强调产品可以为消费者提供的价值。在这样的大趋势下，消费者愈加偏爱软性包装。

软性包装的成本相对来说更低，因此制造商和设计师有机会更积极地回应消费者另一个日益增长的需求，即个性化定制的需求。

我们现在来看一个实际案例。好丽友推出了一个"分享情感"系列的巧克力派，整个系列包括 60 款各不

相同的独立小包装袋，每个小包装袋上都有一幅特别设计的插图，描绘的都是日常生活场景，旁边还会配上"心声"或"小心愿"等文字，说给自己最亲近的人。整个设计将消费者带入了好丽友的"游戏"之中，让消费者可以自由选择反映自己当下心情和感受的那一款产品，从而促使了销售增长，也加强了消费者与品牌之间的情感交流。

我们接下来就从消费者对产品的可移动性需求来分析。越来越快的生活节奏驱使消费者去选择那些携带起来顺手方便的产品，这样的产品就是"便携式产品"。便携式产品的包装应当轻便并且符合人体工程学原理，可以在移动的情况下使用。

软性包装的另一个优势是可任意改变形状和尺寸，而形状和尺寸的改变可以带来附加功能。可改变形状的材料包括硬纸板、纸张、塑料、薄膜及其他任何可以进行原创冲切设计的材料，这些材料可能还会涉及携带功能、分量控制等其他设计方案。

绿色环保的大趋势也是刺激软性包装发展的因素。越来越多的消费者开始对于生态环境保护具有责任感，在包装中使用可回收利用材料和可降解材料成了品牌表达自己支持环保运动的新方式。这为品牌带来了新的竞争力，同时也增加了品牌价值。

对于产品可持续性的要求，可以在软性包装中得到满足。带有附加功能的包装相当于给了包装"第二次生命"，从而减少了废弃垃圾的产生。这项方案无疑对品牌所有者（制造商）和消费者是双赢的。包装生命循环周期的延长可以让品牌跟消费者之间的交流沟通持续更久，消费者也可以从附加的包装功能中感知到附加价值。例如，在设计儿童零食的硬纸板包装时，我们会将盒子背面设计成收集类桌游；而在设计园艺肥料的硬纸板包装时，我们会将包装盒设计成可保存植物幼苗的容器。

消费者关心的另外一件事就是食物对于身体健康的影响。在这种情况下，使用硬纸板等软性包装材料可以向消费者展现产品的健康性。人们对有机食品不断增长的需求，鼓励着不同行业的市场营销人员和设计师进行探索。

对于设计师而言，软性包装是一种可以满足多种沟通需求的表达形式。如今软性包装的印刷质量和附加功能毫不逊色于硬性包装。软性包装的整个表面几乎都可以进行印刷，这意味着设计师和市场营销人员有足够的空间进行不同种类的图形和营销文案创作，还可以添加图表或符号等信息。例如，在设计调味品的塑料包装袋时，不仅有足够的空间排版，还可以添加配方表和诱人的美食图片。软性包装还具有良好的视觉亲和力，可以让设计师创造出绝妙的方案。

在处理薄膜类材料时，设计师还可以利用软性包装

的另一大优势，即选择性地运用透明区域。通过"开窗"，也就是在包装上留出一块没有任何印刷图案的透明区域，即可满足消费者希望透过包装看到产品真实外观的诉求。在进行诸如奶酪类产品的包装设计时，我们会建议采用部分透明的设计方案，因为很多消费者并不仅仅依赖产品名称来识别奶酪，他们还会观察奶酪的颜色和质地。

最后，我们要特别强调，软性包装的快速发展为制造商和设计师创造了新的机遇，同时可以更加充分地回应消费者的迫切诉求。包装设计未来的趋势是经济实惠、高附加价值、个性化、健康、可持续性、透明化以及便利性，我们的工作就是要顺应这种趋势创造解决方案。

СЫР
«ВЕЛИКОКНЯЖЕСКИЙ»
46 %
СДЕЛАНО В КРАЮ ЛЕСОВ И ПОЛЕЙ

СЫР
«СМЕТАНКОВЫЙ»
50 %
СДЕЛАНО В КРАЮ ЛЕСОВ И ПОЛЕЙ
МАССА НЕТТО: 200 Г

СЫР
«ГОЛЛАНДСКИЙ»
45 %
СДЕЛАНО В КРАЮ ЛЕСОВ И ПОЛЕЙ
МАССА НЕТТО: 200 Г

СЫР
«ГАУДА»
48 %
СДЕЛАНО В КРАЮ ЛЕСОВ И ПОЛЕЙ
МАССА НЕТТО: 200 Г

СЫР
«...ЛЬЗИТЕР»
45 %
...КРАЮ ЛЕСОВ И ПОЛЕЙ
МАССА НЕТТО: 200 Г

СЫР
«ЙОГУРТОВЫЙ»
50 %
СДЕЛАНО В КРАЮ ЛЕСОВ И ПОЛЕЙ
МАССА НЕТТО: 200 Г

СЫР
«МРАМОРНЫЙ»
45 %
СДЕЛАНО В КРАЮ ЛЕСОВ И ПОЛЕЙ
МАССА НЕТТО: 200 Г

СЫР
«ЭДАМ»
40 %
СДЕЛАНО В КРАЮ ЛЕСОВ И ПОЛЕЙ
МАССА НЕТТО: 200 Г

СЫР
«...НЫЙ»
...В КРАЮ ЛЕСОВ И ПОЛЕЙ

СЫР
«РОССИЙСКИЙ»
молодой
50 %
СДЕЛАНО В КРАЮ ЛЕСОВ И ПОЛЕЙ
МАССА НЕТТО: 200 Г

СЫР
«ПОЛЕССКИЙ»
30 %
СДЕЛАНО В КРАЮ ЛЕСОВ И ПОЛЕЙ
МАССА НЕТТО: 200 Г

СЫР
«ВЕЛИКОКНЯЖЕСКИЙ»
46 %
СДЕЛАНО В КРАЮ ЛЕСОВ И ПОЛЕЙ
МАССА НЕТТО: 200 Г

«СЛИ...

纸

纸是最常见的包装材料之一，它具有质量轻、体积小、价格低、可循环利用、易于加工、方便储运等特点，但在刚性、密封性、抗湿性等方面较差，因此液体或对密封性要求较高的商品，纸质材料通常作为中包装或外包装使用。纸质包装材料应用广泛，涵盖食品、医药用品、日用品、文教用品、化妆品、工具器材等。

随着人们的环保意识日渐提高，纸张行业也越来越重视可再生资源及相关技术。美国百分之百再生纸板联盟（RPA-100%）做的一个市场调查结果显示，77%的消费者更青睐使用100%再生纸包装的企业。当购买同类商品时，也更愿意购买使用再生纸包装的。

以纸质材料制造的绿色包装，解决了包装废弃物污染环境的问题。有资料显示，日本90%的牛奶都使用有折痕线的纸包装，这种容易压扁的包装不但生产成本较低，而且能够减少占有空间，方便运输和循环利用。目前，包装造纸市场出现了不少新的绿色包装纸，如远红外线包装瓦楞纸、防腐食用纸、伸缩纸、脱水功能包装纸、复合纸等。这些新型纸同样容易分解，可焚烧或做堆肥，也可回收重新造纸，在很大程度上取代了塑料包装。

优势：质量轻，可塑性强，运输便利，成本低，可再生

半透明纸（P30）

半透明纸也称为蜡光纸，具有良好的防油性、不透气性，质地坚实，光滑柔软。

玻璃纸（P48）

玻璃纸是一种用再生纤维制造的透明薄膜。它的低渗透性能很好地隔离空气、油、细菌和水，所以常用于食品包装。

层压纸（P36）

层压纸是一种表面添加了塑料涂层的特种纸张，塑料的添加带来了防水性、耐用性，可加热、密封，多用于食品和饮品包装。

非涂布化学浆纸（P26）

非涂布化学浆纸英文名为 woodfree uncoated paper（WFU），纸张制作中将木质处理成化学纸浆，去除木纤维中的木质素。这种纸张质量优良，有着自然的质感，表面不易反光，适合阅读和书写。

佛捷歌尼纸（P14）

佛捷歌尼纸由意大利 Fedrigoni 公司生产，是一种用于奢侈品包装和出版物衬里的特殊纸张。

和纸（P16，P56）

和纸是日本以当地材料和传统技艺生产的一种纸，通常由雁皮、楮皮或三桠的纤维制成，也可用竹子、麻、稻秆和麦秆制作。

卡片纸（P18，P48）

卡片纸也叫卡纸，厚度介于纸和纸板之间，常用于名片、明信片、扑克牌以及其他需要比普通纸张耐用性更高的用途。

蜡纸（P34）

蜡纸是一种通过上蜡来达到防潮目的的纸。它具有不粘性和防水性，经常被用于包装食品，还可以用于艺术和手工创作。

牛皮纸（P44）

牛皮纸用木浆制成，质地坚硬，具有良好的弹性和耐撕度，用于对包装硬度和耐用度要求高的产品，常用来制作购物袋、信封等。

PE 涂层纸（P20）

PE 涂层纸即一面或两面加有 PE（聚乙烯）层的纸，具有防水性和防油性，因具有极佳的密封性能成为食品包装的常用材料。

生物基纸（P28）

绿色环保的生物基材料发展迅速，其中生物基纸是利用植物纤维制造的纸张或纸板，优点是 100% 可生物降解。

字典纸（P24）

字典纸是一种薄而略透明的纸张，多用于印刷字典、百科全书等极厚的书籍。这种纸通常加有棉或亚麻纤维以增加强度。

手工绵纸（P32）

手工绵纸其实是用树皮作为原料而制成的纸张，而非棉。普洱茶饼一般使用绵纸包裹，因为其透气性强，韧性好，经久耐放。

丝绸纸（P22）

丝绸纸是加入了蚕丝纤维的纸张，质感接近布料，平衡了磨砂感和光滑感。

素描纸（P40）

素描纸比普通纸张厚，上面有颗粒感的纹路，运用到包装上不仅新意十足，在包装体验上更是提供了独特的触感。

铜版纸（P46）

铜版纸又叫涂布纸，即一面或两面覆有涂层的纸张，是应用广泛的纸张类型。

微型纸板（P42）

微型纸板是一种较薄的瓦楞纸板，其凹槽相对传统瓦楞纸的厚度小，不同型号有不同的凹槽厚度，而不同厂家的厚度参数可能略有差异，常用的有 F 楞（0.8mm）和 N 楞（0.5mm）。微型纸板质量轻又便于印刷，非常适合对外观设计需求较高的包装。

新鸡蛋纸（P58）

鸡蛋纸这个名称源自它具有鸡蛋壳般的原色。新鸡蛋纸（shin-torinoko paper）是对传统鸡蛋纸（和纸的一种，手工制造）的模仿，质感平滑、柔软，厚度适中，不同的是它使用了纸浆为原料，且由机器制造，成本较低，常用于木版印刷测试、日本画草稿纸或者价格低廉的拉阖门门板。

压花纸（P52）

压花纸是用于压花加工的纸张，比普通纸张厚，具有更好的强度，常见于书刊封面、卡片等。

硬纸板（P38，P54）

硬纸板是最常用的包装材料之一，包括瓦楞纸、层压纸板、卡片纸等。硬纸板可回收，质量轻，而且易于制作，成本低，常用于包装杂货、干货等。

直纹纸（P48）

直纹纸得名于制造过程中纸面上产生的稍微凸起的一行行直纹，在欧洲的造纸机器发明之前这是使用最普遍的纸张，直到被布纹纸取代。

皱纹纸（P12）

皱纹纸是一种上浆（一种像胶水一样的材料）后，通过揉搓而形成褶皱的纸。

注：所标页码为案例首页的页码。

Chonmage 羊羹包装

工作室：Masahiro Minami Design
设计师：Masahiro Minami

羊羹是一种有点像甜豆果冻的食品，代表着谦逊、诚实
的态度，常用作道歉礼品。黑色的皱纹纸包装使羊羹看
上去像日本女性的传统发髻。

皱纹纸

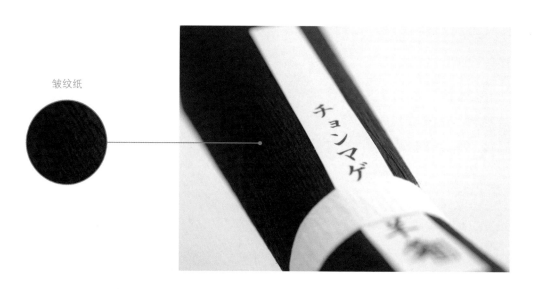

Choco & co 特别版巧克力包装

设计师：Isabel de Peque

Choco & co 巧克力包装的设计灵感来源于世界各地著名城市的经典建筑材料，设计师以独特的视角诠释了对这些城市的理解，他为每座城市选择了一种经典的建筑材料，并对应气质相符的巧克力口味，例如马德里的石材配黑巧克力，赋予了产品更为深刻的意义，令人印象深刻。

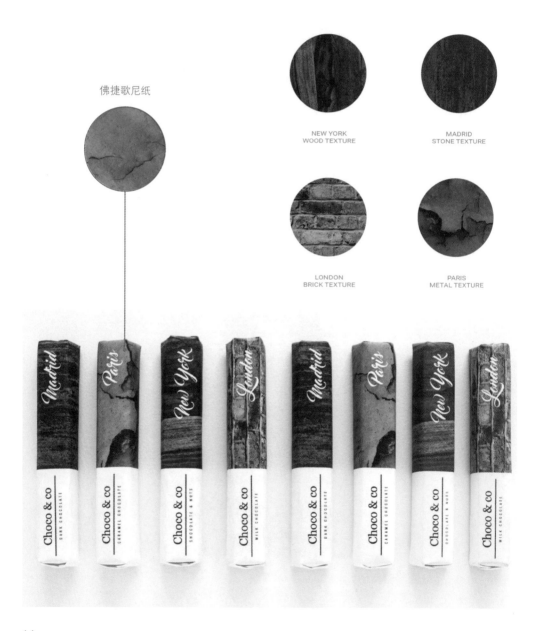

佛捷歌尼纸

NEW YORK
WOOD TEXTURE

MADRID
STONE TEXTURE

LONDON
BRICK TEXTURE

PARIS
METAL TEXTURE

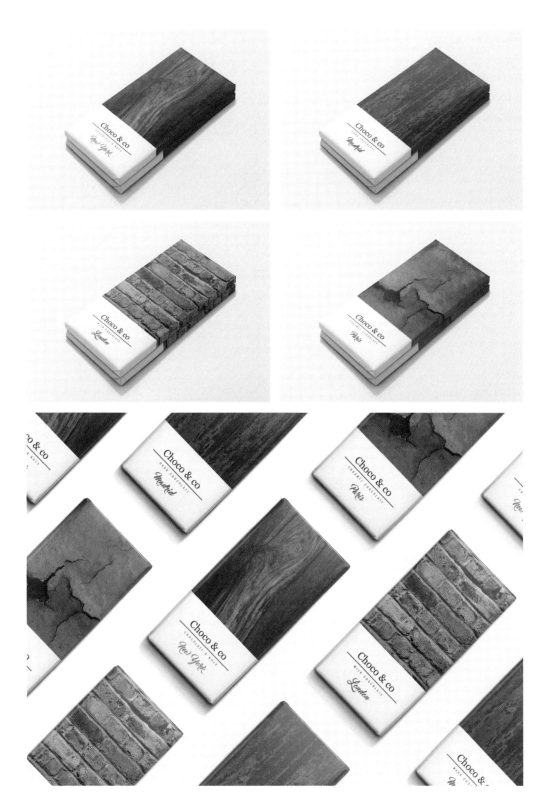

Furumachi Kouji 糕点包装

工作室：AWATSUJI design

Furumachi Kouji 公司推出的糖果和年糕包装造型清新可爱，设计师采用日式传统花纹作为装饰元素，搭配亮丽的颜色和随意的排列方式，令传统图案充满现代气息。包装袋充满气体后，如同一个彩色的纸气球，非常惹人喜爱。

和纸
（内有塑料压膜）

Los Playeros T 恤包装

工作室：Iglöo Creativo

设计工作室为答谢客户专门设计了一款纪念 T 恤。T 恤包装上绘有典型的
西班牙海滩主题的插画，配色干净清爽，营造出浓郁的夏日气息。同时，
包装袋的冰棍造型也令人十分惊喜。

卡片纸
（300g/m² 的白色卡纸
和 1mm 厚的灰色卡纸）

木棍

Kiln Oven 火腿工坊包装

工作室：YOUNIK DESIGN

Kiln Oven 火腿工坊肉制品包装的核心理念，是与消费者进行有趣的交流。产品内包装为真空包装，外层用印有手绘图案的包装纸手工包裹，附带的卡片上有手写的产品名称，所有元素都为产品营造了自家制作的味道。

PE 涂层纸   麻绳

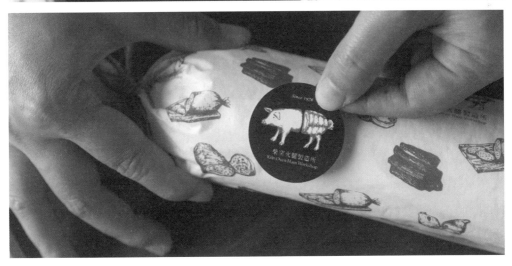

Sentos 初榨橄榄油包装

设计师：David Matos
摄影师：José Miguel Teles

Sentos 专门生产优质初榨橄榄油，产品包装采用黑色玻璃瓶及黑色丝绸纸，目的是防止阳光照射而影响橄榄油的口感。丝绸纸的封口处贴有一枚带有品牌标志的贴纸，整体包装形象简洁美观。

丝绸纸

Drygate 限量版啤酒包装

工作室：D8 Ltd
摄影师：Mark Hamilton

Drygate 是英国的人工酿造啤酒品牌，一周年限量版系列的包装由
D8工作室与格拉斯哥艺术学院的毕业生共同完成。酒瓶外的包装纸
和包装袋采用字典纸，插图均出自艺术学院的毕业生之手，具有独
特的艺术价值。

字典纸
（40g/m²）

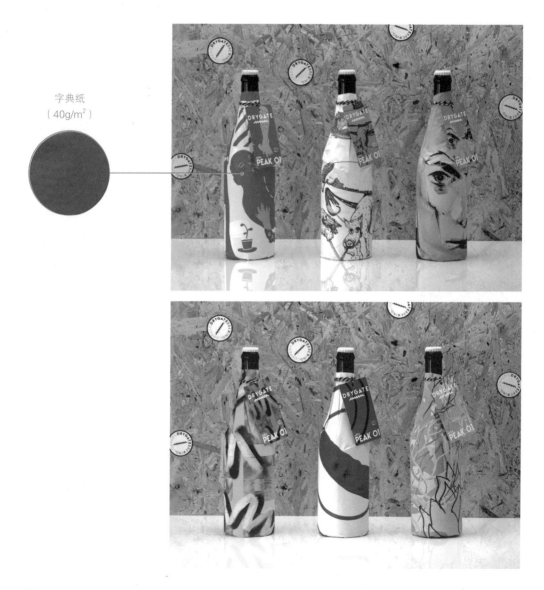

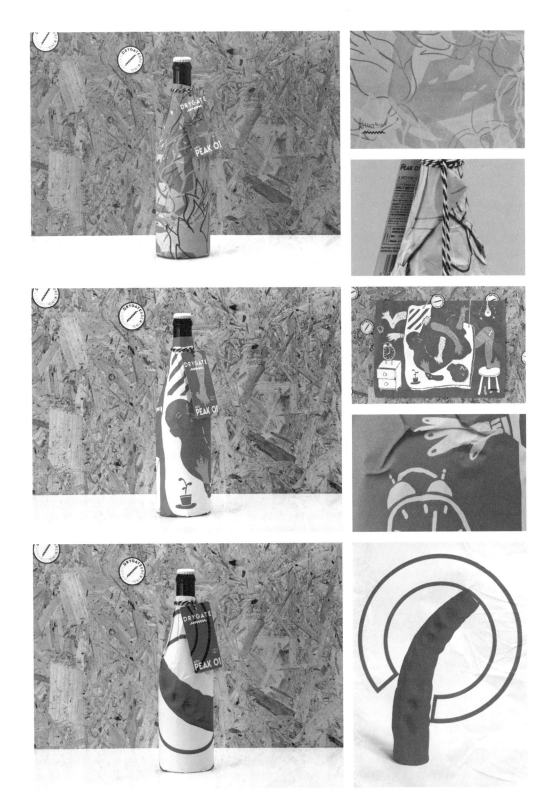

Ahab 限量版 T 恤包装

工作室：eskju | Bretz & Jung

Ahab 推出的限量版 T 恤采用了一款独特的包装，以木材和纸为主要材料。其中包括一个木制的鲸骨架，外面包裹有一块非涂布化学浆纸，结合在一起构成了"大鱼上钩"的有趣造型。整个包装将艺术、设计、手工艺、功能与插画结合在一起，具有一种与众不同的感觉。

非涂布化学浆纸
（170g/m²，浅灰色）

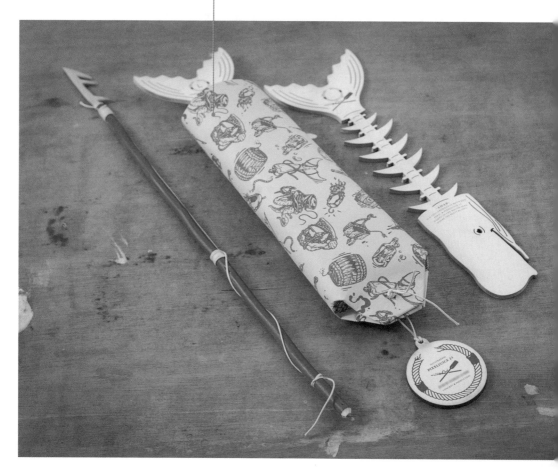

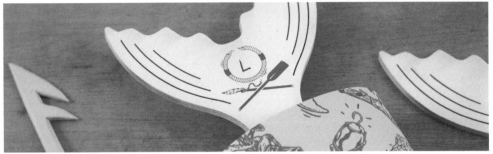

环保聪明碗包装

工作室：Innventia，Tomorrow Machine
设计师：Anna Glansén，Hanna Billqvist

这款包装由瑞典 Innventia 公司研发，专为冷藏脱水食品而设计，使用100% 可降解的生物基材料，即利用天然植物纤维素开发的一种特制材料。这种材料有一种特性，其能因应多种刺激，如湿度、热度和电流的变化，自动改变形状、硬度、弹性或者渗透度（称作 mechano-active）。该包装可在运输过程中处于压缩状态，从而节省空间。当加入热水后，材料在受热作用下发生反应，由压缩状态膨胀为碗状。该包装巧妙地将科学家的技术与设计师的创意融为一体。

生物基纸

hot water

羊毛毡香皂包装

工作室：Patrícia Freitas
设计师：Musse Ecodesign

葡萄牙天然有机化妆品品牌 Bio4 Natural 推出的羊毛毡香皂，原料采用
100% 匈牙利绵羊毛。为凸出精湛工艺与天然原料相结合的品牌理念，设
计师采用了简洁明快的包装风格。封口处的花纹模仿手工针线缝制痕迹，
说明文字采用热箔冲压工艺进行印刷，整体效果清爽美观。包装袋采用的
透明纸不含塑料或抛光涂层，避免过度加工的同时还有利于环保。同时，
包装正面的圆形图案是透明的，可以让消费者对产品有更为直观的感受。

有机棉绳　　　　　　半透明纸
　　　　　　　　　　（200g/m²）

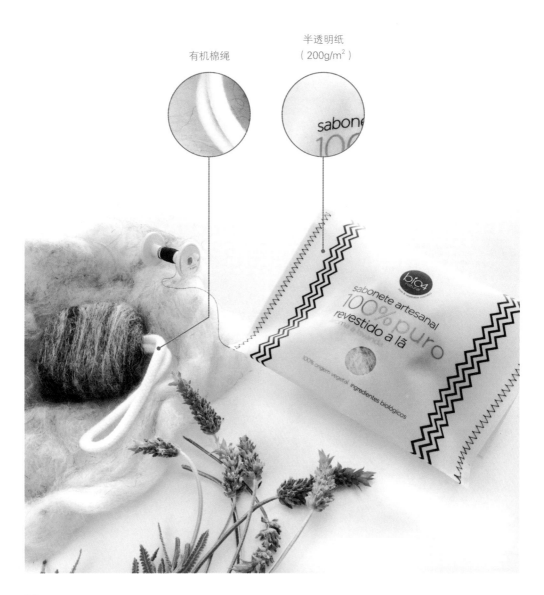

打谷塬普洱茶包装

工作室：Paisha Design

打谷塬普洱茶产自我国云南景迈地区，包装材料采用富有景迈特色的手工
绵纸，配合描绘当地风景的图案，营造出独特的地域文化特色。

手工绵纸
（80g/m²）

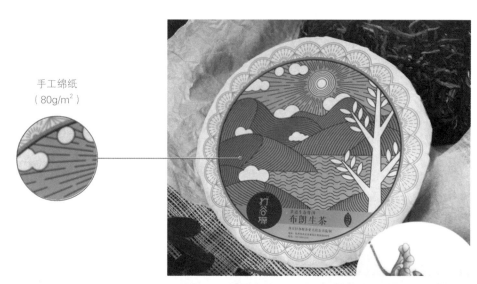

Shorf 奶酪包装

设计师：Alexandra Istratova

Shorf 推出的奶酪希望能为消费者提供更多不同的选择。奶酪的形状是经典的三角形，包装采用蜡纸，上面的插画表明奶酪相应的口味，手绘的插画强调了产品原料的纯天然属性。

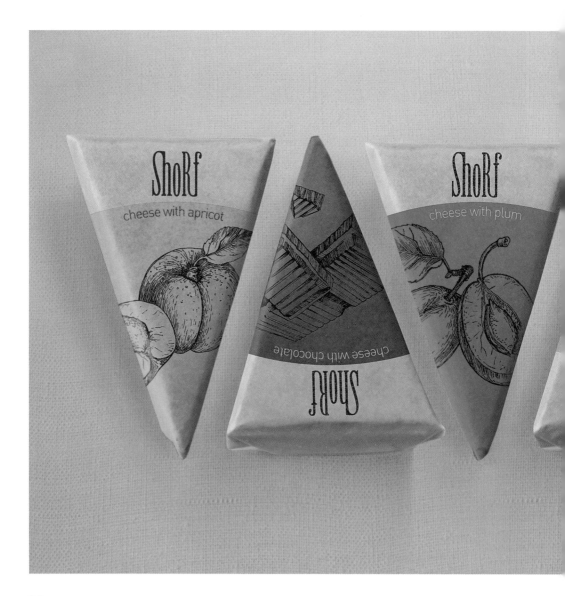

蜡纸

Svenska LantChips 薯片包装

工作室：Beatrice Menis Design

Svenska LantChips 薯片的新包装在带来新形象的同时，也保留了品牌原来的标志性元素。新包装并没有像同类产品一样，选择在外观上使用薯片的照片，而是采用了土豆生长的插画，突出了有机食品这一特点。整体包装设计着重强调薯片的健康和本真味道，同时颜色亮丽的口味说明文字在柔和的背景中十分抢眼。

层压纸

Gogol Mogol 鸡蛋包装

工作室：KIAN branding agency
创意总监：Kirill Konstantinov   设计师：Evgeny Morgalev

Gogol Mogol 呈现了一种全新的包装和储藏鸡蛋的方式。包装设计使店主
在出售鸡蛋的时候可以将它们立起来摆放，同时，这些鸡蛋也不会在顾客
的购物袋中占据太多空间。每个独立包装都有多层：最外层是硬纸板，向
内一层是催化剂，再向内一层是薄膜，将催化剂和最内层的特殊材料分离
开。顾客想要食用鸡蛋时将薄膜拉开，催化剂和特殊材料接触，开始加热
鸡蛋。几分钟后，打开鸡蛋包装，顾客就会得到一只熟鸡蛋。

硬纸板

鸡蛋
特殊材料
催化剂
分离催化剂和特殊材料的薄膜
硬纸板包装

Katara 烧烤产品包装

设计师·Megan Sornson

Katara 烧烤产品的包装材料为素描纸，这是非常与众不同的选择。所有素描纸在使用之前都经过一系列的工序处理，浸染之后揉成纸团，再展开干燥并熨烫平整，最后印刷。

素描纸

PROCEED WITH CARE

EXERCISE CAUTION

AT YOUR OWN RISK

NO WATER
3 GLASSES OF MILK

350,000 SHU

The Scoville heat units (SHU) indicates the amount of chemical compound that stimulates nerve endings in the skin, especially the mucous membranes. The HABANERO, a perinnial flowering plant, from the Yucatán Peninsula. Though often mistaken as the world's hottest pepper, the Habanero is a mild, citrus-like sauce as far as KATARA sauces are concerned. BE WARNED.

Go to   for more on KATARA® and our passion for bringing the heat to your barbecue. also for help how to fulfill KATARA's mission to feed the hungry with our "Feed the World" tour and join us in making barbecue for a better world.

BAMBOO
SKEWERS
KABOB GRILLING
50 SKEWERS
KATARA

EL TINTO AL CUADRADO 葡萄酒包装

工作室：Nutcreatives

不论外形还是功能，这都是葡萄酒包装的一次创新尝试。非陈酿葡萄酒具有清爽的特点，这款包装着重强调葡萄酒活泼轻松的一面。设计师摒弃了传统的方形包装盒，转而采用多面体折叠纸盒，消费者可根据需求随意剪裁并作为杯垫使用。包装顶部有把手，方便携带，免去了消费者为携带酒盒另寻提袋的麻烦。

微型纸板

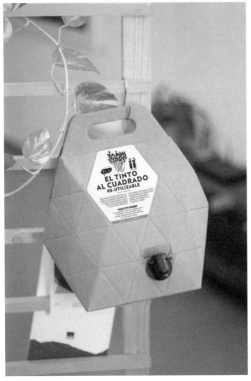

Danepak 培根包装

设计师：Rachel Brown

这款培根包装设计颠覆了传统的冷冻培根包装方式。牛皮纸包装袋内层压有 PE 膜衬层，可以进行真空保鲜，同时自封拉链可以在拆封之后重新封上以隔绝空气。培根下面有蜡纸托盘，消费者可从袋内轻松取出培根。包装袋采用可回收牛皮纸与 PE 膜衬层结构，结实耐用。

牛皮纸   PE 膜

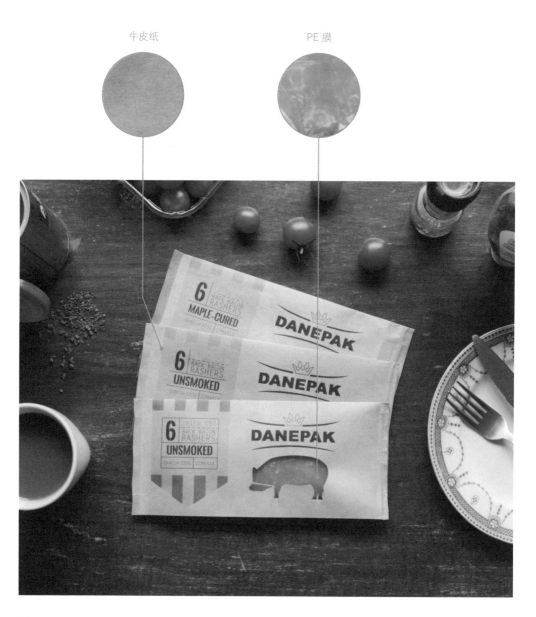

45

Setouchi 巧克力饼干包装

工作室：Grand Deluxe
设计师：Koji Matsumoto

Setouchi 巧克力饼干为濑户内地区售卖的旅行纪念品，全部采用当地原料
制作加工而成。设计师采用了与日本传统和纸纹理相近的包装材料，配合
镂空的海岛和太阳等图案，使包装盒具有更为立体的设计效果。

铜版纸

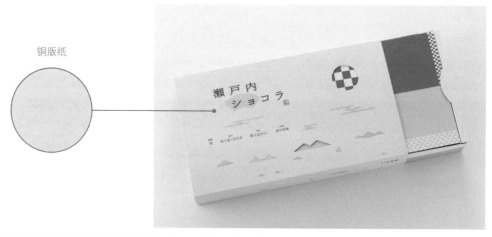

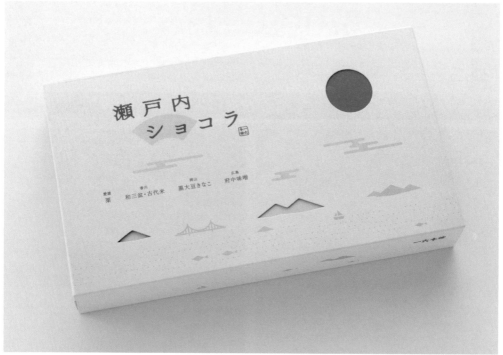

GreenLife 茶包装

设计师：Filip Nemet

透明的包装袋清晰地展示出茶叶的真实样貌。包裹包装袋的纸是一种叫 via laid paper 的天然直纹纸，比传统直纹纸（laid paper）有更浅的直纹。包装纸的锯齿状设计能防止顶端系的绳结脱落，同时使包装造型更为别致。包装袋可以通过绳结重复打开或密封，随着茶叶的减少，系绳结的位置还可以随着锯齿向下移，具有很强的功能性。

玻璃纸

直纹纸

酒椰叶纤维

卡片纸

SOC 袜子包装

设计师：Keiko Akatsuka & Associates

日本袜子品牌 SOC 包装袋的设计灵感来源于日本传统折纸艺术，可以灵活调整包装从而容纳各个尺寸的袜子，消费者可以在不破坏外观的情况下打开包装。包装袋结构紧凑，可以达到纸张利用率最大化，且可以重复使用，正如 SOC 产品一样物美价廉。

压花纸

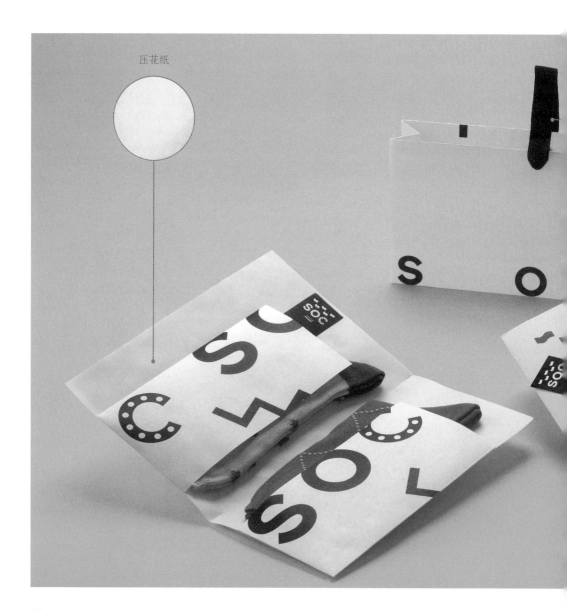

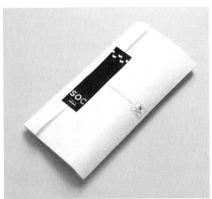

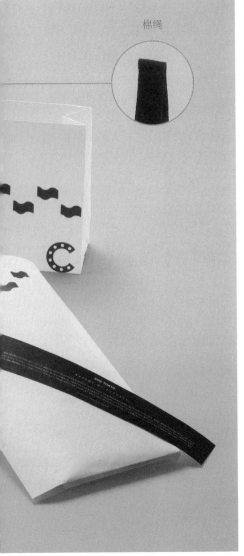

棉绳

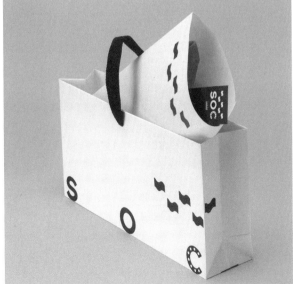

金银岛葡萄酒包装

工作室：Supperstudio
设计师：Paco Adin

金银岛葡萄酒产自一家位于比斯开湾的葡萄酒厂。酒瓶的外包装十分独特：四块打出瓶形孔的纸板组成了酒瓶包装，最后用两条橡胶带固定好整个包装。

硬纸板

TREASURE

VINO TINTO
CRIANZA SUBMARINA

YU・WA・I 水引拎袋

创意总监：Katsuhisa Sano
设计师：Yuki Tanaka

YU・WA・I 是将两个日语词"结（yuu）"（意为"打结"）和"祝（iwai）"（意为"庆祝"）结合在一起。这款用于酒瓶的礼物袋采用了水引这一日本传统装饰工艺，该工艺常用于礼物包装。水引以结实的和纸为原材料，和纸被剪裁成条带状，然后扭成绳状，最后覆盖海藻和白黏土制成的胶水，使其变得坚硬。设计师使用八根细绳结成多个双钱结，其中使用了两种不同硬度的细绳，这样就可以方便地将酒瓶取出而不用松开任何一个双钱结。

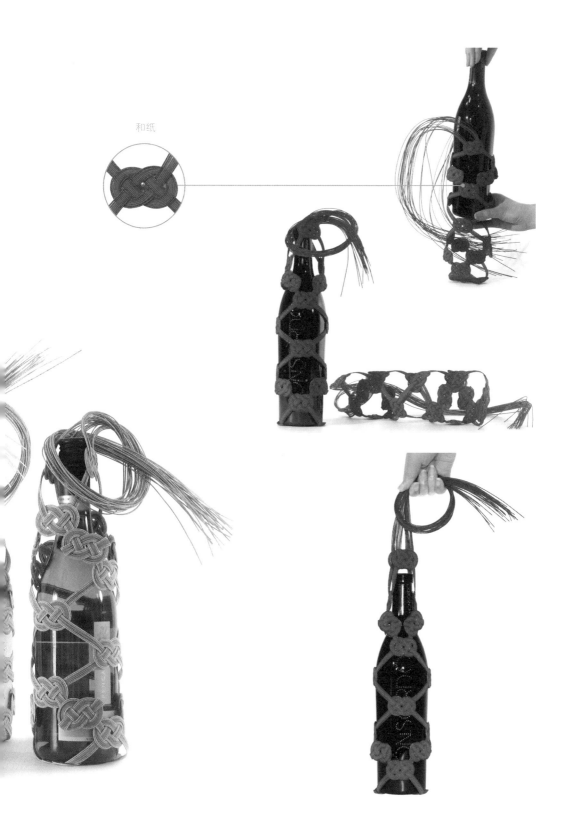

和纸

金太郎糖果包装

工作室：DONGURI
设计师：Toshihiro Gomi

金太郎糖果连锁店出售一种呈圆柱体的传统日式糖果——金太郎糖果。该品牌希望通过全新的包装设计吸引更多的潜在消费者，并且体现出品牌的历史和手工艺传统。包装中，一根简单的橡皮绳将包装袋和标签系在一起。所有标签都采用了统一的格式，模仿民间传说人物金太郎的服饰造型。由于金太郎的形象在日本民间已经深入人心，因此日本消费者可以立刻领会产品的设计理念。标签通过模仿日本传统和纸的材质引出消费者的怀旧情结，同时也有效控制了成本。这一包装有机结合了现代形式与传统元素。

新鸡蛋纸

布料

布料轻便、可折叠，一直是被广泛应用的包装材料。随着绿色包装理念的倡导和流行，人们对布料包装的需求日益增加。通过对布料进行印花、植绒等加工，布料的外观愈加多样化，可鲜艳，可简朴，可典雅，可个性，风格千变万化。

常用于包装的布类按材料可分为尼龙、无纺布、帆布、麻布、棉布、绒布等。其中麻布是传统的包装材料，然而合成纤维的兴起使麻布在市场竞争中用量有所减少。但由于麻的产量较大，且已形成了一定的

生产规模，它的生物可降解性还对生态环境的保护有积极作用，目前麻布的应用还是颇为广泛。用麻布制作的包装外观具有粗犷原始的独特风格。

随着布类包装材料的用途越来越多样化，市场需求量不断增加，布类包装材料在众多领域呈现了新的发展态势。

优势：**轻巧，方便储运，易于加工，可循环利用，美观**

粗麻布（P64，P72，P78）

粗麻布是一种用黄麻或亚麻纤维制成的粗布料。这些植物不具有丝质或棉质的纹理，因此粗麻布质感粗糙，具有较大的编织纹理和自然的米黄色泽。

帆布（P70，P74）

帆布是一种粗厚平纹编织物，现代帆布材料通常为棉或亚麻，有的也会使用PVC。因其厚实耐磨，防水性能较好，常常用于制作鞋、背包、帐篷、船帆等。

莱卡（P82）

莱卡是一种人造弹性纤维，常与棉、丝绸和其他人造纤维混合在一起制作织物。加入莱卡的衣物除了有很强的韧性和弹性，还很舒适、透气、轻便。

棉布（P68，P76，P80）

棉布是用以棉纤维为原料的纱线制成的织物，手感柔软，耐光性好，上色容易，应用非常广泛，常用于生活常见物品中。不过纯棉容易发霉、起皱。

棉线（P68）

棉线是将棉纤维搓纺后得到的细长绳。

丝绸（P62）

丝绸以蚕丝为主要原料，蚕丝具有三棱镜般的纤维结构，可以使布料产生柔和的光泽。

亚麻布（P66）

亚麻布由亚麻植物纤维制成。亚麻的制作烦琐，但是因其纤维吸收性好，染色方面非常出众，所以广泛用于制作服装、背包、桌布等。

律师珍藏葡萄酒包装

工作室：Brandient
创意总监：Cristian Kit Paul　设计师：Ciprian Bădălan

东欧著名的律师事务所 Tuca，Zbarcea & Asociatii 想为他们的客户送上一份有纪念意义的礼品，因此选择了这款赤霞珠葡萄酒。酒瓶包装模仿了律师经典的条纹西装，融入了翻领、口袋和手帕等元素。所有的手帕都是手工缝制的，红色的丝绸手帕将人们的注意力吸引到庄严的律师服上。

丝绸

VINUL CASEI
DE AVOCATURA

TUCA ZBARCEA
ASOCIATII

VINUL CASEI
DE AVOCATURA

Kaharsa 印尼香料包装

设计师：Adrian Agus Setiawan

Kaharsa 印尼香料摒弃了传统香料包装经常使用的塑料与玻璃材料，而是采用了对环境更友好、可再生的麻布及木材。配合手工缝纫工艺，呈现出家庭手作的质朴气息，同时避免了消费者购买香料后另外寻找容器的麻烦。

轻木　　　　　　粗麻布

朗姆酒推广品包装

工作室：Zoo Studio
设计师：Gerarad Calm

这款朗姆酒的推广品包装中并没有朗姆酒，商家用一块亚麻布和一张食用级牛油纸将由巧克力和朗姆酒配置而成的金币状食品捆绑好，作为礼品赠送。这一包装简单而富有特色。

牛油纸

亚麻布

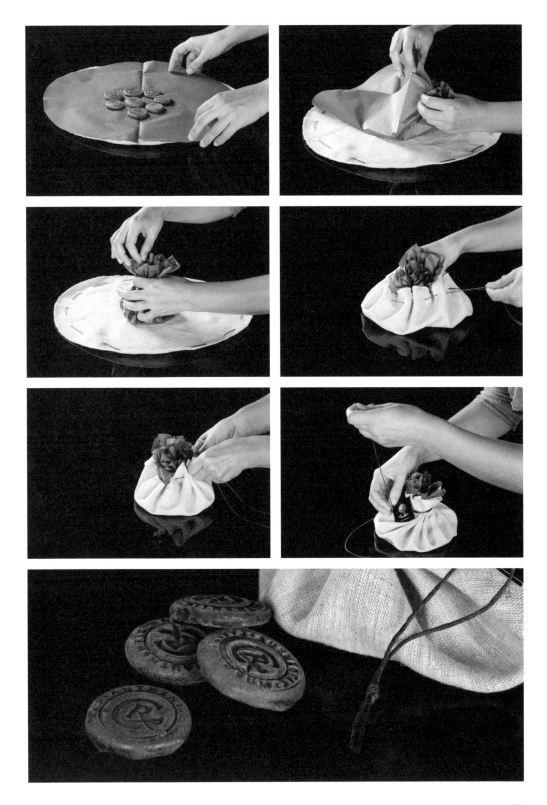

The Reminder 唱片包装

设计师：Laura Ávila

布料、皮革、彩色棉线，这些材质的混搭与唱片的音乐风格形成了强烈的对比。

绣绷　　　　　　　棉布　　　　　　　棉线

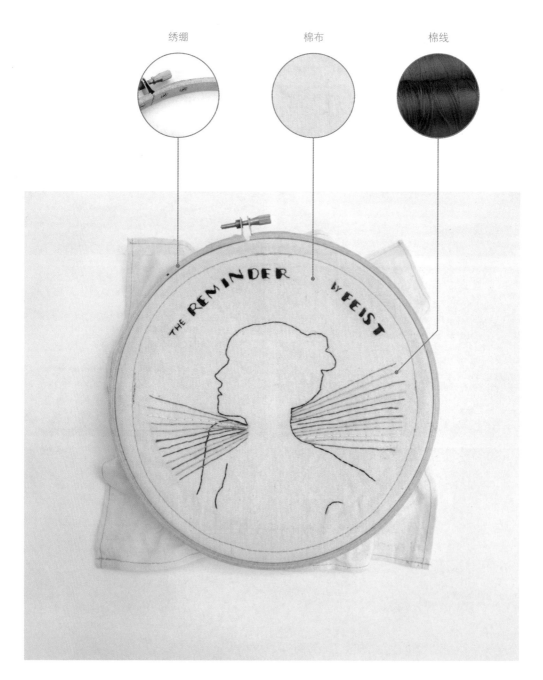

人造皮革

纸板

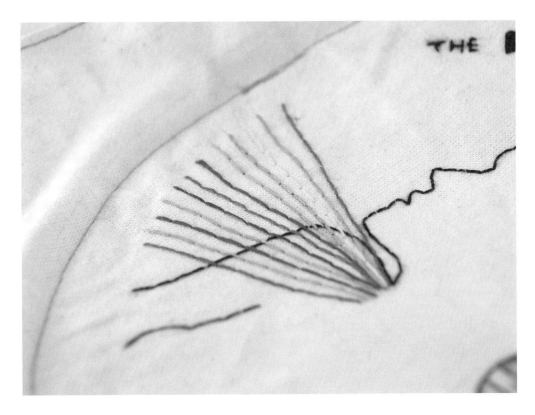

Media Naranja 袜子包装

设计师：Maria Sanoja

Media Naranja 是专门设计、制作袜子的品牌。这款袜子的包装采用网状
帆布袋，在方便收纳的同时，还可以充当洗衣袋，避免了袜子在洗涤或收
纳过程中容易丢失的问题。

帆布   卡片纸

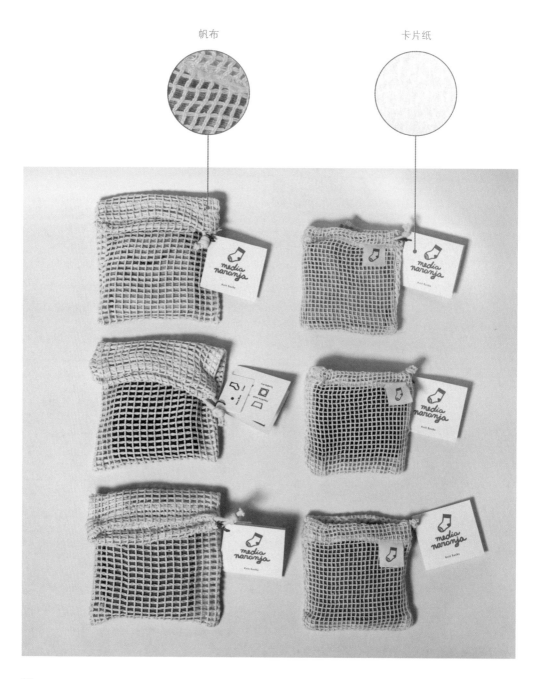

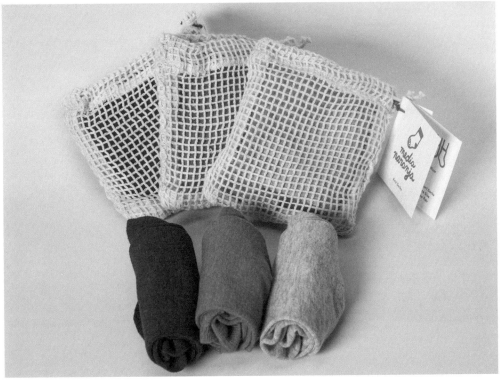

My Sweet 特别版巧克力点心包装

设计师：Bia Castro，Mariannna Dutra

纽约 My Sweet 糖果点心公司专门生产巴西传统手工巧克力点心 brigadeiros。为了突出原料天然有机的特点，包装采用了黄麻纤维材料，黄麻纤维是天然纤维，坚固持久，成本低廉并且可生物降解。包装灵感来源于装可可豆的麻布袋，商家希望借此传达出自然新鲜和手工制作的品牌理念。

粗麻布

Miel 蜂蜜包装

设计师：Nora Renaud

Miel 是三种口味的蜂蜜——山楂、迷迭香和板栗。其包装采用了带有缝纫线的帆布袋，体现了手工制作的特点。可撕除的纸封条如布料般柔软，既坚固又可以让人轻松地撕开。

帆布   卡片纸

印度食谱包装

工作室：Frost* Design　创意总监：Vince Frost

设计总监：Carlo Giannasca　设计师：Andreas Pronto，Vince Frost

这本书提供了来自印度各个地区的 1000 个食谱，其中有 200 张彩色
照片。受到印度人装米的彩色布袋的启发，设计师用了同样的方式去
包装这本食谱。

棉布

INDIA

COOKBOOK

QUALITY
ASSURANCE

Written by:
PUSHPESH PANT

THE ONLY BOOK ON INDIAN FOOD YOU'LL EVER NEED

PRODUCE OF INDIA 1000 RECIPES REAP #: 1-0-06-205

Al Rifai 坚果包装

工作室：Zan Design Agency
设计师：Afra Alsammahi

Al Rifai 创立于 1948 年，从创立伊始就坚持使用黎巴嫩传统配方搭配现代技术烘焙坚果、咖啡豆及谷物。包装采用的是麻布袋，这是保存坚果、避免其受潮的传统包装材料。纸质标签上印有现代风格的插图，R 形的镂空设计不仅代表品牌名称，同时可以作为提手，方便携带，兼具美观性与实用性。

粗麻布

卡片纸

Organic Fairtrade 咖啡包装

工作室：Voice
设计师：Anthony De Leo，Shane Keane

不同的咖啡豆产地具有不同的地理和气候条件，因而造就了咖啡豆的不同风味。例如，秘鲁对咖啡豆影响最大的是海拔，苏门答腊对咖啡豆影响最大的是降雨量，而埃塞俄比亚对咖啡豆影响最大的是温度。Organic Fairtrade 针对不同产地的咖啡豆，在包装上绘制不同的抽象图案，代表产地的独特地理和气候特征。设计师选用棉布袋作为包装，不仅带给消费者柔和的材质触感，同时强调了咖啡豆天然生长和手工烘焙的特点。

棉布

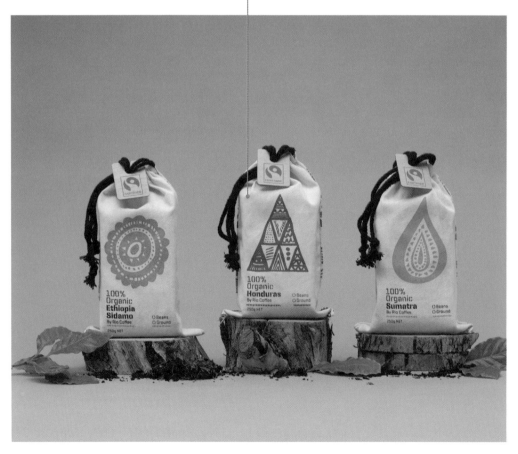

Freixenet 葡萄酒包装

设计师：Beatrice Menis，Mara Rodriguez

这款葡萄酒包装的设计灵感来自2012年格莱美颁奖典礼上明星们的礼服。瓶身包装使用了折纸工艺，呈现出了引人注目的外观。金色和黑色的组合既突出，又保持了 Freixenet 的优雅风格。包裹着金属线的莱卡作为瓶套的提手，方便携带。

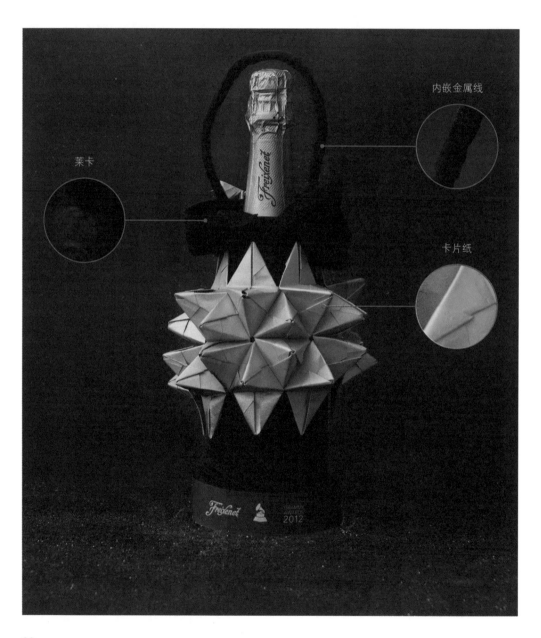

内嵌金属线

莱卡

卡片纸

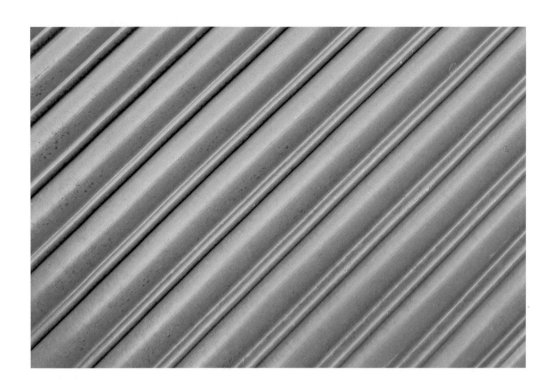

○ 塑料

塑料是极为常见的合成材料。合成材料又称人造材料，是把不同物质经化学方法加工而成的材料。塑料具有质轻、美观、耐腐蚀、易于加工等特点，被广泛用作包装材料。

目前常用于包装材料的塑料有聚乙烯、聚丙烯、聚氯乙烯、聚苯乙烯、聚酰胺、聚碳酸酯、聚苯乙烯等。在塑料行业高速发展的同时，废弃塑料引发了一系列环境问题，于是人们不断探索新的技术，开发新材料，如今可溶性环保塑料和生物塑料正慢慢进入合成包装材料的市场。生物塑料的原料主要从含有大量淀粉和蛋白质的植物中获取，从植物中提取的丙烯酸、聚乳酸等经加工可制成可降解的生物塑料，这大大减轻了对环境的污染和破坏。生物塑料常应用于食品包装、餐具、便利袋等。尽管会导致一定的环境问题，但是塑料仍在不断发展，因为它的一些特性是其他包装材料所不能替代的。

优势：质轻，耐化学性好，透明度高，易于加工，生产成本低

BOPP 膜（P106）

BOPP 膜全称为双向拉伸聚丙烯薄膜，是聚酯薄膜中产量较高的薄膜。对比其他薄膜，它有更高的密度，能起到很好的防潮、抗化学物、防紫外线的作用，并且可循环利用。

LDPE（P106）

即低密度聚乙烯，因其坚实、灵活且具有一定透明度，大量用于制作薄膜、盖子和瓶子。LDPE 瓶子一般为挤压式。这种材料可以循环使用。

LLDPE（P92）

即线性低密度聚乙烯，拉伸强度好、耐冲击、耐破坏、耐化学作用，常用于制作塑料袋、食品包装、玩具、医疗器具、管道、电线电缆保护层等。

MET-PET（P106，P114）

即金属化 PET，最常用的金属成分为铝。这种材料结合了 PET 和铝箔的优势，具有很好的拉伸性和阻隔性，成本较低。因其抗氧化效果好，常用于制作饮品包装。

尼龙网（P98，P110）

尼龙网以化学合成纤维编织而成，质感像丝绸般光滑，强度高，弹性好，耐磨、防水。它的延伸性会使其在使用一段时间后变得较为松散。

OPP（P112，P114）

即定向聚丙烯，作为包装薄膜的原料，产量仅次于 LDPE。OPP 膜拉伸强度高，阻隔性好，耐热，比玻璃纸成本低，但容易起皱。不需要特殊油墨也可印刷清晰的图案。

EPS（P118）

聚苯乙烯即泡沫，俗称泡沫塑料，由白色发泡聚苯乙烯颗粒制成，不过主要由气量构成，质量非常轻，抗震抗压，保温隔热，常用于一次性餐具、包装、填充材料，还会应用于建筑。

PE（P88，P94）

聚乙烯（polyethylene，简称 PE）是最常用的塑料，日常使用的塑料袋、塑料薄膜和水瓶通常就是由 PE 材料制造的。这种材料燃点低，强度低，但有很好的延展性。

PET（P102）

聚对苯二甲酸乙二酯（polyethylene terephthalate，简称 PET），是一种常见的热塑性聚合物树脂。PET 塑料质量轻，不透气，耐冲击，常用于衣物纤维、食品容器、胶片等。

PP（P86，P90，P100，P104）

聚丙烯（polypropylene，简称 PP）是一种塑料聚合物。是应用广泛程度仅次于 PE 的通用塑料，比 PE 更坚实、耐热。它可用于多种用途，包括工业和日常用品，既可用作结构型塑料，也可用作纤维。

PVC（P108）

聚氯乙烯（polyvinyl chloride，简称 PVC），是应用广泛程度次于 PE 和 PP 的塑料，质地坚硬，耐酸碱，常用于电线绝缘体、人造皮革、地板、唱片、充气产品等。

生物塑料（P116）

生物塑料衍生自可再生的生物资源，如植物油、玉米淀粉、稻草、木屑等，但并非所有生物塑料都可降解或者比矿物燃料制造的塑料更容易降解。这种材料常用于包装、餐具、吸管等，成本比化学塑料高。

纹理塑料（P96）

纹理塑料是指在注塑过程中加上纹理的塑料，这种塑料除了能满足特殊的美学需求，也能隐藏产品的轻微瑕疵或者使产品更能经受磨损。可应用在塑料上的纹理多样，比如豹纹、砂岩纹、几何纹等。

北海道大米包装

工作室：cagicacco
设计师：Makoto Gemma

北海道大米采用了小巧的塑料真空包装袋，一改常见的大米包装的笨重，在保鲜的同时，还使大米可作为礼物进行馈赠。环绕包装袋的标签标明了商品属性。标签上的图案源于日本的传统家纹（一个家族的标志），象征着大米在日本的悠久历史与传统。

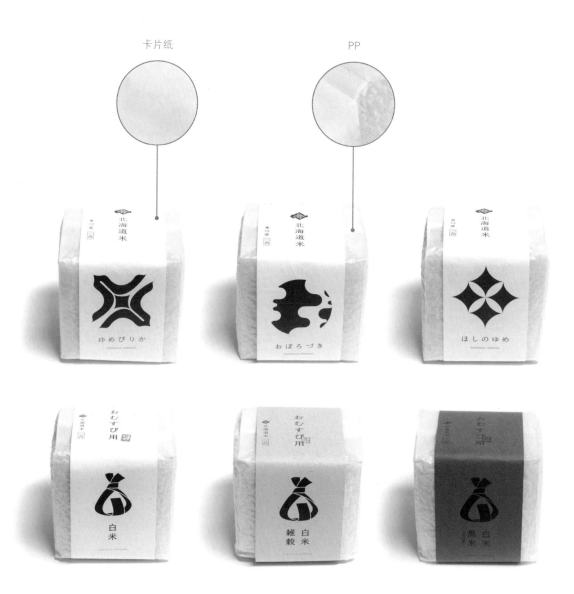

卡片纸

PP

White Leaf 卫生纸包装

White Leaf 卫生纸包装上没有同类产品包装上繁复的装饰图案，也没有过多强调技术或产品信息，而是采用纯白色底色与部分透明区域，直观展示出纸的肌理，打造出一种简洁统一的美感，同时也带给消费者一种柔软、洁净的感受。

PE

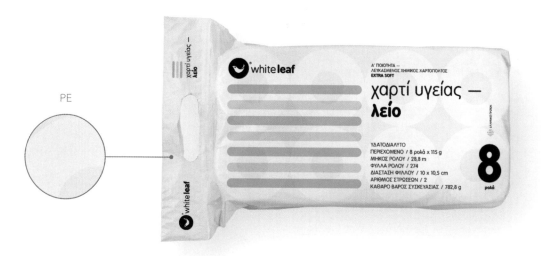

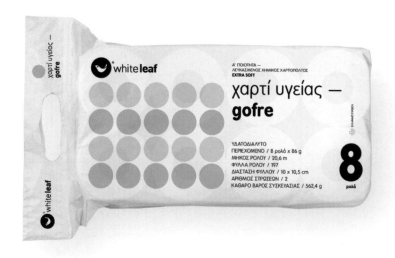

Sansho 豆浆包装

工作室：Design studio SYU
设计师：Seiichi Maesaki

Sansho 豆浆的立体包装袋不仅放置时稳定，而且便于倾倒。标签的设计十分引人注目，其中产品名称采用随性的手写体，营造出天然、营养、健康的感觉。

PP

粗粮饼干包装

工作室：IFF COMPANY inc.
设计师：Ving Takahashi

粗粮饼干来源于近些年流行的健康粗粮饮食理念，该理念提倡抛弃过度精加工的食品，而是从自然中汲取完整的营养。因此产品包装同样遵循了"善待健康，善待自然"的理念。设计师采用简洁的透明立式包装袋，向消费者展示产品本身的色泽，同时搭配即有插图的和纸作为标签，不仅突出了产品的品质，还传递出手工制作和亲切友善的感觉。

和纸

LLDPE

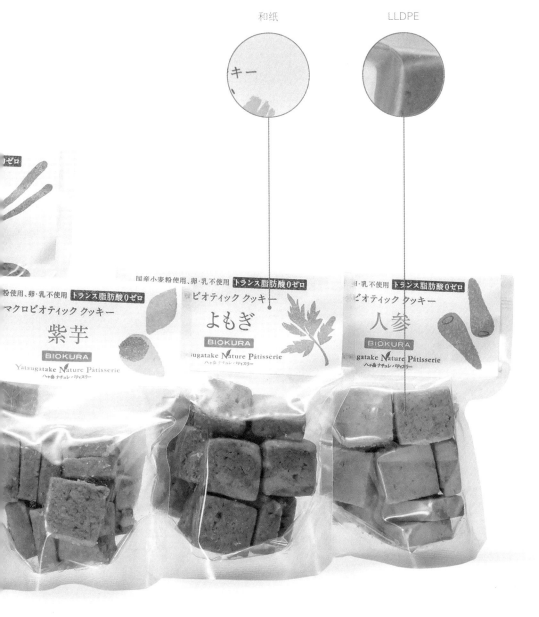

国産小麦粉使用、卵・乳不使用 トランス脂肪酸0ゼロ

マクロビオティック クッキー
紫芋
BIOKURA
Yatsugatake Nature Pâtisserie
八ヶ岳 ナチュレ パティスリー

ビオティック クッキー
よもぎ
BIOKURA
sugatake Nature Pâtisserie
八ヶ岳 ナチュレ パティスリー

卵・乳不使用 トランス脂肪酸0ゼロ

ビオティック クッキー
人参
BIOKURA
gatake Nature Pâtisserie
八ヶ岳 ナチュレ パティスリー

Meld 健康食品包装

设计师：Jeannie Burnside

Meld 健康食品包装为忙碌的人们改善饮食提供了一个便捷的解决方案。这一系列包装袋有多个颜色，不同颜色代表不同种类的营养物质，五种即可满足一个人每餐所需的全部营养。设计师运用透明包装材料，并将不同营养物质通过颜色区分，向消费者传达了提供健康食品的承诺，并希望通过一人份包装的形式，有效减少食物浪费现象。出于环保的考虑，包装袋均采用可回收利用的塑料材料。

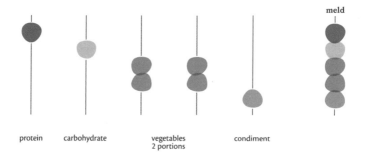

PE

Zen 香水包装

工作室：GOOD!
创意总监：Igor Mitin

Zen 香水包装的设计理念是将有机形状和香水瓶相结合。在该设计中，有机形状占了主导地位，而一小块玻璃区域则发挥了功能性作用——显示瓶中香水的剩余量。香水瓶握在手中的触感是很重要的。纹理塑料材质在视觉和触觉上与天然的石头、竹子、贝壳非常接近。包装的主要目标是凸显这一系列香水的天然性，以及平静、沉思、自然之美。外层硬纸板包装盒特意设计得非常简约，打开包装盒后，香水瓶优雅、自然的外观就会得到充分体现。

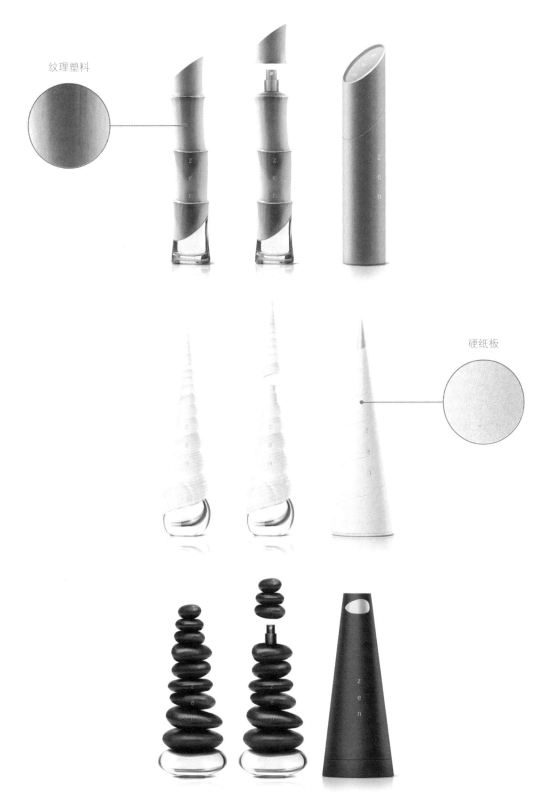

纹理塑料

硬纸板

巧克力鱼包装

设计师：Laura Beretti

新西兰巧克力品牌新推出的巧克力鱼，是针对儿童设计的一款概念性产品。巧克力鱼包装模仿传统的沙丁鱼罐头罐，外面包裹一层白色的渔网，便于携带的同时也凸显出手工制作的特点。白色渔网搭配蓝色线绳，给人以明亮纯净的感觉。

卡片纸　　　　铝罐　　　　尼龙网

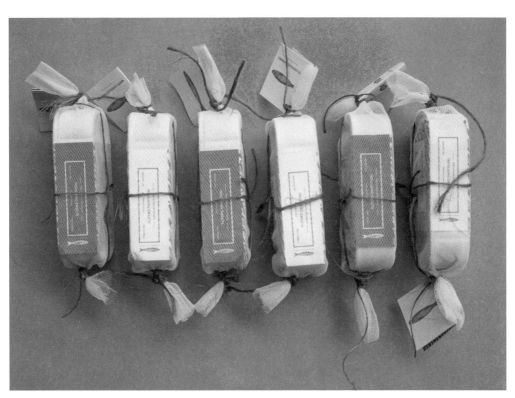

Insal'Arte 沙拉包装

工作室：Deofficina
设计师：Mirco Luzzi

本系列新鲜沙拉采用的是聚丙烯包装袋，每款包装袋上都印有沙拉名称的首字母。字母图案由相应的蔬菜图片组成。这样的设计可以展示蔬菜的种类，在琳琅满目的货架上更易于辨认。同时呈现首字母和蔬菜图片，可以引起消费者的猜测兴趣，从而产生互动。在经过多次尝试之后，设计师决定采用转轮凹版印刷技术，以使图片呈现出柔和淡雅的效果和亮丽的色泽。

PP

Carote
Julienne

Di Più

Radicchio
Rosso

Radicchio
Variegato

Cuore di
Lattuga

Spinaci

Leuven 啤酒包装

设计师：Wonchan Lee

Leuven 啤酒摒弃了传统啤酒包装常用的玻璃瓶，采用了软性包装材料，这不仅使产品更轻便，而且更有利于控制成本。这种包装形式在同类产品中独树一帜，同时简洁的包装造型充满设计感，维持了品牌一贯的高品质形象。

PET

硬纸板

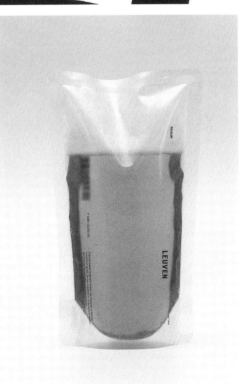

KUMADA 腌鱼包装

工作室：cagicacco
设计师：Makoto Gemma

KUMADA 腌鱼外包装通过汉字"渍"加平方符号，突出了腌鱼经过盐和酒糟两次腌渍而成的工艺特点。设计师摒弃了传统的书法表现形式，重复的尾鳍图案构成鱼骨架的形状，与产品内容相呼应，其中一个透明尾鳍可以让消费者直观地看到产品的外观。

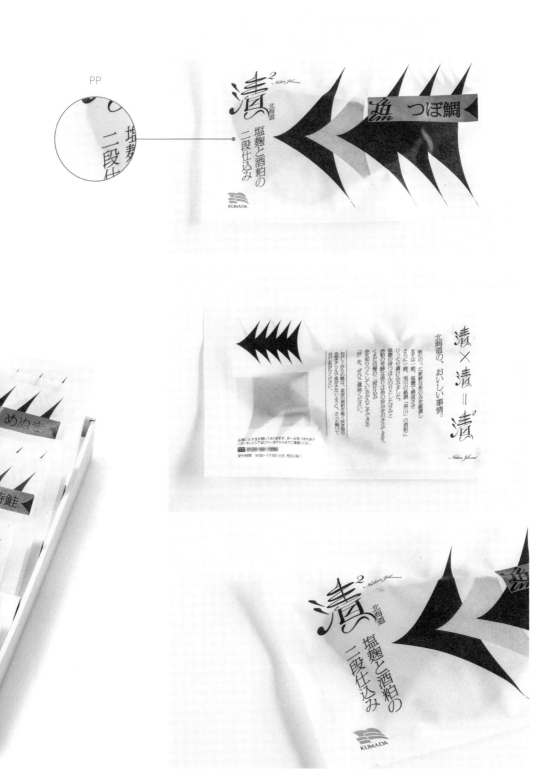

PP

Rosso del 葡萄酒包装

工作室：Reverse Innovation
创意总监：Mirco Onesti　设计师：Gustavo Messias, Fiona Martin

葡萄酒软性包装袋重新阐释了经典波尔多葡萄酒瓶的定义。硬纸板结构包裹着富有光泽的黑色包装袋，既可保持经典的外形，又可保证包装袋稳定立起来。设计师利用素压印和 UV 纹理描绘出葡萄酒产地的梯田地貌，并且使用当地的葡萄叶作为外轮廓，进一步突出了葡萄酒原产地的特点。

LDPE

硬纸板

铝箔

MET-PET 膜
（内层）

BOPP 膜

亚洲航空 Here! Sod T 恤包装

工作室：Prompt Design

创意总监：Somchana Kangwarnjit　艺术总监：Tiptida Treeratwattana

设计师：Passorn Subcharoenpun，Danai Treeratwattana

亚洲航空的 Here!Sod T 恤包装采用了飞机造型，十分特别。与衣服上的
印花机身相衔接的红色机翼其实是一个衣架，这样的形象能让人一眼看出
这是与航空有关的品牌。透明塑料盒可以让人清楚地看到包装内的 T 恤，
盒子末端还特意做了模切，扬起两片"尾翼"。

PVC

粉纸（130g）
+ 内衬贴纸（570g）

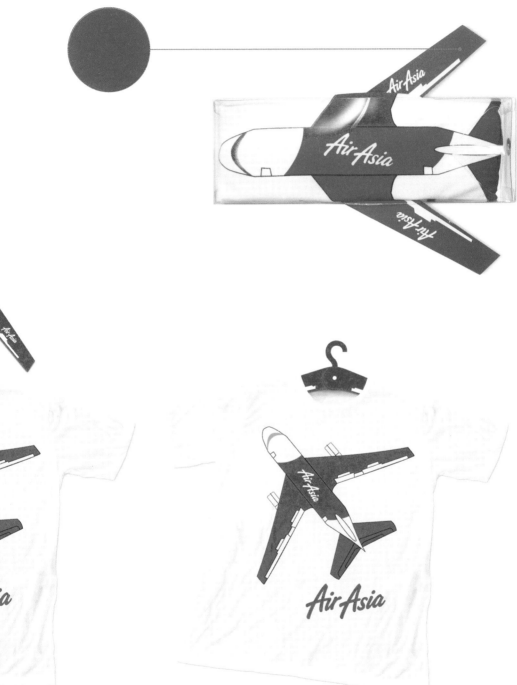

Cuarentona 烈酒包装

工作室：Enserio
设计师：Miquel Amela，Ferran Rodríguez

Cuarentona 是一款烈性酒精饮料，由青核桃、草药、香料与茴芹腌制四十天而成，口感浓郁而独特。透明酒瓶可以让人看到酒体的质感和颜色，黑色网兜则会令人联想到女士黑色网袜，为产品增添了一丝俏皮与神秘感。标签采用大号的无衬线字体，进一步强调了烈酒的刺激感。

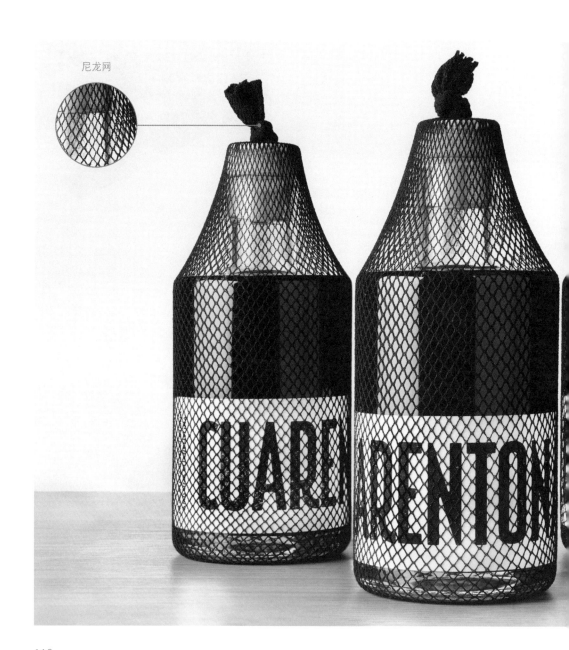

尼龙网

RATAFIA

La Cuarentona és una beguda
alcohòlica elaborada a partir
de nous verdes, herbes aromàtiques
i espècies, macerades amb anís dolç
durant 40 dies a sol i serena.
Les herbes es van collir el 20 de juliol
de 2015 a Serinyà, a la comarca

Peyton and Byrne 巧克力包装

设计师：Anthony Earp

Peyton and Byrne 巧克力包装采用了极简风格的包装，符合品牌一贯的优雅形象。为达到理想效果，在多次试验之后，设计师选择在透明亚光 OPP 膜背面印刷，然后压上一层白色不透明 OPP 膜。

PEYTON
AND
BYRNE

ENGLISH ROSE
DARK CHOCOLATE

We have reclaimed rose – once one of
our most popular sweet flavours,
adding it to our rich, Columbian dark
chocolate to make you feel transported
to simpler times.

70%

70% Cocoa Solids | 25g℮

Oyatsu TIMES 零食包装

工作室：NOSIGNER, DODO DESIGN

东日本旅客铁道公司推出了 Oyatsu TIMES 系列零食，旨在帮助人们重新发现日本的社区文化。包装袋均为口袋大小，色彩丰富，上面附有不同地区的信息，能为旅途中的人们增添乐趣。

MET–PET
（内层）

OPP
（外层）

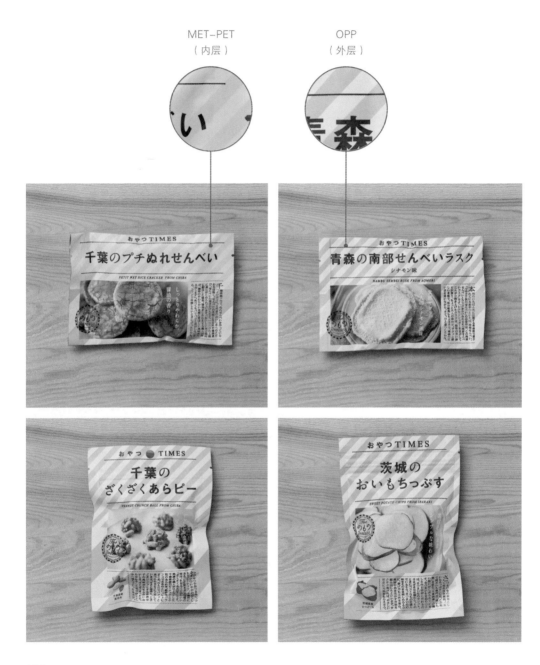

Kirkland 食品包装

设计师：Anna Bazarnaya

　Kirkland 所有的容器都是可密封的，这里展示的是用再生塑料制成的容器。这些透明的容器通过醒目的文字简单地标出了产品的类型，例如"牛奶""面条"，这样消费者便能重复利用容器。这种包装形式可以鼓励消费者支持这项"再利用"计划，从而减少垃圾制造量。

生物塑料

Mezah 海鲜包装

这款定制的泡沫塑料包装可以在低温环境下保证海鲜的
新鲜度，既便于携带，又便于储藏在厨房和冰箱中。

EPS

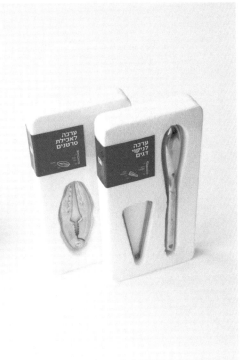

◩ 金属

金属材料密度高,硬度高,具有延展性,可循环利用,广泛应用于食品包装、医药品包装、日用品包装、工业品包装等。不过由于金属的化学稳定性较差,往往需要添加涂层以进行隔离、防护。

常见的金属包装材料有马口铁、铝和不锈钢等。马口铁即镀锡铁制品,17 世纪,马口铁材料便在德国和英国等地生产,但直到 1810 年,英国人彼得·杜兰德(Peter Durand)用马口铁罐储藏食品的技术获得专利,金属才开始作为包装材料广为应用。后来价格适中的钢材面世,马口铁用料中的铁开始被钢取代。随着技术的发展,差厚镀锡板、低镀锡板、无锡薄钢板相继问世。20 世纪初,随着冶金技术的完善和轧制技术的改进,铝箔出现并替代了锡箔,铝开始被广泛用作包装材料。如今,技术的进步使得金属材料可以变得非常轻、薄,从而在包装行业中发挥更大的效用。

优势: 防护性优异,可循环利用,可塑性高,美观

镀铝 PET 膜（P146）

镀铝 PET 膜是利用真空镀铝工艺在 PET 薄膜上形成一层铝的高效阻隔性薄膜，这种材料加上一层纸可以增强密封性。

多层箔（P138）

多层箔的包装由几层不同的材料构成，常见的材料包括尼龙、PE 等塑料、铝箔和纸。这样的结构透气性低，尤其适合味道较大的食物和经过杀菌处理的产品，这类包装材料也常用于轻质气体存放。

铝（P122，P132，P136）

铝是一种银白色的轻质金属，与其他元素能融合成坚硬的轻合金，具有良好的导热和导电性，是一种非常实用的原料。该金属可用于汽车制造、建筑、涂料、包装、烹饪器皿，同时可作为抗酸剂、止汗剂、收敛剂的原料。用于包装的大部分铝制品都用于圆桶形的罐子，如饮料罐。

铝箔（P126，P128，P130，P134，P142）

铝箔容易折叠弯曲，因此适合用来包裹物品。同时能有效阻隔光线、氧气、气味、水分和细菌，是食品包装的常用材料。

马口铁（P124）

镀了一层锡的薄钢板，坚硬而防锈。现今马口铁材料主要用于生产罐头包装。

锡（P140，P144，P148）

锡是一种延展性强、韧性好的银白色金属，经常通过涂漆或电镀应用在其他金属上，作为保护涂层，如钢或铜。镀锡板表面的氧化层同时保护了锡和覆盖的材料。镀锡层可以防止酸性食物与金属罐发生反应，有些锡罐的内层有搪瓷涂层，防止包装与食物发生化学反应。现在常用塑料罐或者铝罐来代替。

Make Your Mark 钢笔包装

工作室：AJOTO　设计师：Tim Higgins，Chris Holden
客户：AJOTO

这款钢笔及其包装充分体现了材料运用和制作工艺的价值。设计师用一种全新的方式将软木、铝和纸结合在一起，制作的包装不仅对产品起到了保护作用，也为顾客提供了绝佳的触觉和视觉体验。包装所用的材料都是100％可再生材料，不污染环境。软木托盘的制作采用了新的成型技术，与铝制外盒完美结合。

铝　　　　软木

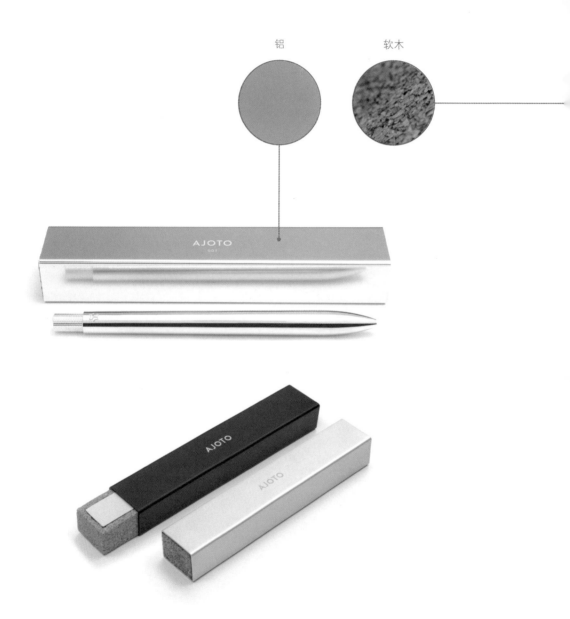

The Operators 礼品盒

工作室：Bunch　创意总监：Denis Kovač
客户：The Operators

The Operators是一家创意出品工作室，他们想要定制一
份精致又实用的礼物送给潜在客户，最后委托了一家设
计工作室，请他们设计了礼品以及专属的镀锡包装盒。

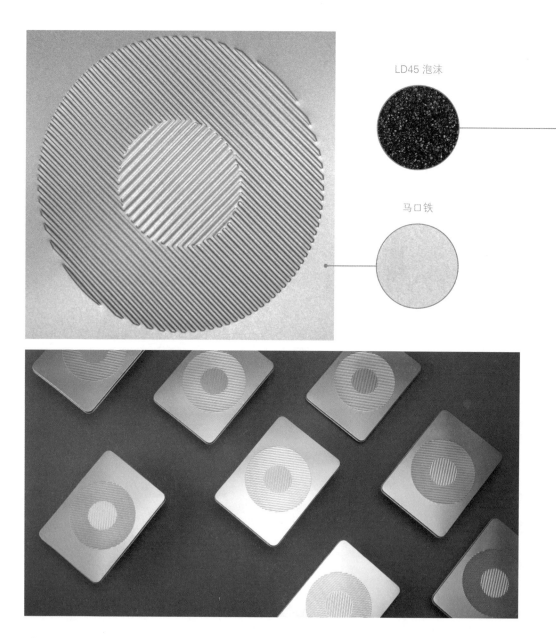

LD45 泡沫

马口铁

KOKOMO 烘焙咖啡包装

工作室：AKU　设计师：Uku–Kristjan Küttis, Ryan Chapman
客户：KOKOMO Coffee Roasters

烘焙咖啡品牌 KOKOMO 使用的咖啡豆来自全球各地，
设计师联想到了快递包裹，于是将包裹上的快递单样式
运用到包装上，不仅可以降低包装成本，还可以减少产
生的垃圾。上面的邮票图案用来标记咖啡豆原产地，而
贴纸上则注明了产品信息。

铝箔

UNIQUE 玫瑰香槟包装

工作室：Puigdemont Roca

为了突出这款玫瑰香槟的品质，设计师用带有硬朗的菱形纹样的
铝箔包裹瓶身，同时制作外包装盒，这样的纹样和长条形的标签
相呼应。瓶身上优雅、独特的颈标让包装很有个性。

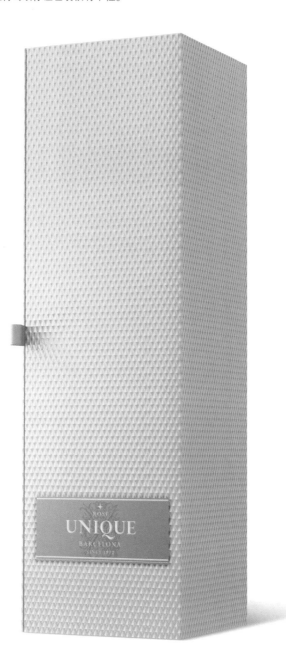

铝箔

Sultry Sally 低脂薯片包装

工作室：The Creative Method

这一系列薯片包装插画采用了 20 世纪 40 年代的 Vargas Girl 风格，这在食品包装领域是一次全新的尝试。商家希望通过插画凸显出薯片低脂健康的特点，增加品牌的品质感和个性态度，使产品从现有的同类产品中脱颖而出。

铝箔

Velkopopovicky Kozel 限量版啤酒包装

工作室：Yurko Gutsulyak
设计师：Yurko Gutsulyak
客户：Miller Brands Ukraine

此款限量版啤酒包装中隐藏着关于捷克酿酒师的古老传统和高超工艺的特别信息，这对能够解读的人来说是一份惊喜的特别礼物。印上了木刻纹理的铝罐有了木质酒桶般的视觉效果，让人仿佛能喝出精品手工酿造啤酒的温暖感受。

铝

Canna 巧克力包装

工作室：Corn Studio
设计师：Vassia Kalozoumi

Canna 巧克力是加入了一种名为 cannabutter 的黄油的牛奶巧克力。包装设计的灵感来自化学元素周期表，每一款巧克力上都标注了产品名称缩写，这些缩写字母模仿了化学元素的符号。

铝箔

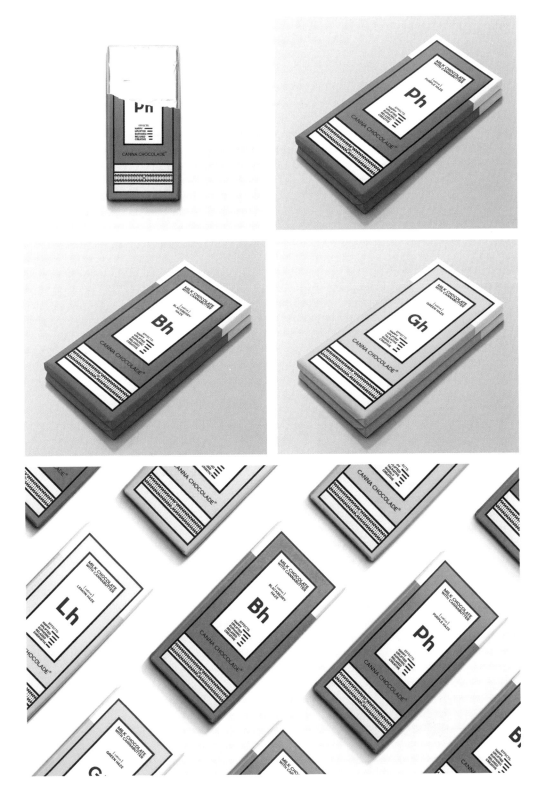

Böcklingpastej 鱼酱包装

工作室：Bedow　创意指导：Perniclas Bedow
设计师：Mattias Amnäs，Anders Bollman
插画师：Fibi Kung
客户：Biggans

Böcklingpastej 是 Biggans 推出的一款烟熏鲱鱼酱。鱼酱采用管状包装，设计师别具匠心地选择一条鱼的图案，不仅有效利用了管状结构细长的特点，而且与产品内容相呼应。颜色则运用了象征大海的蓝色，与外包装纸盒上的黑色线条相得益彰。纸盒里藏着一个小惊喜：消费者随着将鱼酱慢慢食用完，会看到盒底藏着一个海底世界。所有元素结合在一起，让整个包装设计犹如一件精美的手工艺品。

硬纸板

铝

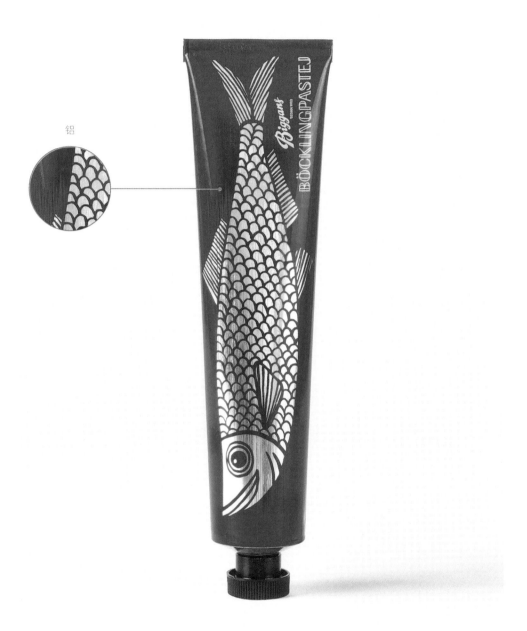

Yablokov 水果干包装

工作室：BRANDEXPERT The Freedom Island
客户：LLC Trade House "Yablokoff"

Yablokov 水果干经由特殊干燥技术加工而成，最大限度地减少了维生素和微量元素等成分的流失。水果干的包装设计反映了这一干燥过程，以此来突出产品有机、健康的一面。

多层箔

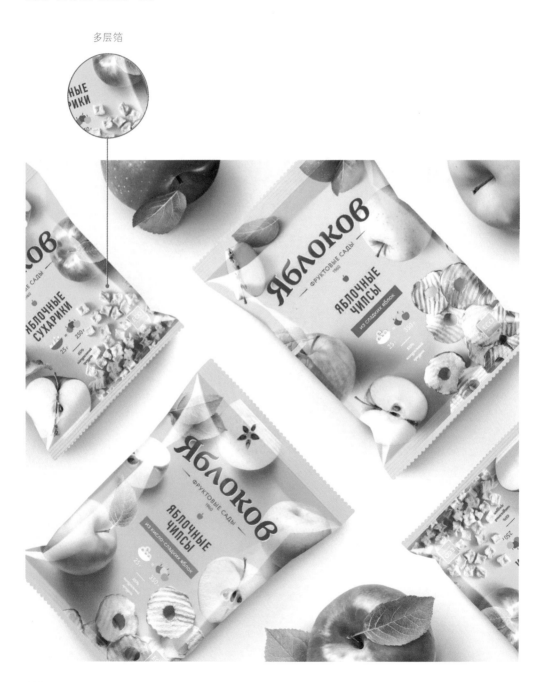

Zealong 乌龙茶包装

工作室：Designworks　　设计师：Ying Ming-Chu, Paul Johnson, Margie Duignan
客户：Eterna Holdings Limited.

Zealong 是产于新西兰汉密尔顿附近的一种优质乌龙茶。字母 Z 的斜线与
上下两条平行线形成强烈的对比，这一极简的图形成为品牌的形象，并启
发设计师产生了一个绝妙的想法：将包装设计成一个沿对角线开启的礼物
盒。Z 的概念延伸到盒内的锡罐，黑色花纹加强了产品的奢华感，清新明
亮的绿色则代表了产品的天然来源。

锡

Stātic Coffee 咖啡豆包装

工作室：Farm Design　创意总监：Aaron Atchison
设计师：Christine Gonda　客户：Espresso Republic

Stātic Coffee 推出了新的咖啡系列，商家力图通过
包装袋展现出咖啡豆的优良品质。风格统一的包装
形式适用于同系列的多款产品，同时包装标签上的
红色缝线别具特色。铝箔包装袋经过多层油墨印刷
及表面光泽处理，上面的图案和字体精致美观。

铝箔

MEKFARTIN 啤酒包装

设计师：Martin Fek
客户：MEKFARTIN

MEKFARTIN 一直尝试利用烤过的橡木片为啤酒增添一种独特的木香。为了表现这种特性，锡制包装罐上印着橡木的纹理，看起来就像是一根橡木。酒瓶颈上挂着两张标签：第一张代表橡树皮，上面印着啤酒的基本信息；第二张代表树皮下的原木，上面印着啤酒的类型、酿造方式和原料信息。

锡

Biokura 谷物棒包装

工作室：IFF COMPANY Inc.　设计师：Ving Takahashi
客户：Biokura Syokuyou Honsya

谷物棒的包装上印着充满趣味的图案，代表着谷物棒的
原料，手绘风格表现出传统手工制作配方的特点，和纸
的质地营造出极佳的品质感。整个包装让人感觉到了食
物的可口。

镀铝 PET 膜 + 和纸

DennyMike's 烧烤调味品包装

工作室：Pulp+Wire　设计师：Taja Dockendorf, Sara Rosario
客户：DennyMike's Sauces & Seasonings

这一系列锡盒包装色彩绚丽，具有强烈的视觉冲击力，
同时通过盒盖上的透明区域清晰地展现了产品。

锡

◎ 草木

植物资源分布范围广,便于人们就地取材。草木制材料具有坚固、防潮、耐腐蚀、吸湿性强、缓冲度高等优点,因此木制包装十分常见。许多人偏爱原生质感,而人工木材的诞生使得木质材料在现代包装设计中备受青睐。

功能性包装的主要作用是保护内容物在运输和销售过程中免遭损坏,但木材表面的纹理、质感乃至气味还可以为消费者提供视觉、触觉和嗅觉方面的优良体验。木材能呈现出或古朴厚重或高贵典雅的气质,因此成为非常受欢迎和极具观赏性的高档消费品外包装材料,比如红酒礼盒、茶叶礼盒、食品礼盒等。

木制包装的内部设计也是有所讲究的,里面往往设有内衬,以起到缓冲作用。木制包装的价格普遍高于其他包装形式。

竹子是一种流行的可持续包装材料。首先,竹子生长速度快,具有极佳的再生优势,可以缓解紧张的自然资源需求,常常用来替代泡沫、波纹纸和纸浆模塑。其次,竹子经过手工加工后能保持其韧性和耐用性,除了可以使包装设计显得新颖,还具有绿色环保的特点。

优势:坚固,防潮,耐腐蚀,吸湿性强,缓冲度高

白蜡木（P158）

白蜡木属于硬质木材，坚硬、密度大，但有一定弹性，纹理美观，通常用于工具的手柄、球棍、楼梯等。不过白蜡木芯材的耐用性较低，所以不太适用于室外。白蜡木无味，因此经常用作食品容器。另外它容易燃烧，也可用作生火材料。

白木（P154）

白木泛指具有纯白或浅黄色泽的软质木材，包括松树、白杨、杉树。白木密度低，质量轻，容易加工，常作为家具和建筑用料。

柏木（P178，P180）

柏木属于软木，边材颜色非常浅，芯材颜色较深，有的甚至接近黑色，颜色越深，抗腐蚀性越好。柏木耐用、稳定、防潮、抗腐蚀，同时容易加工，非常适合作为建筑材料。

干草（P176）

干草是经过收割、干燥的草类植物。干草作为包装材料，资源丰富，成本低，加工便捷，同时非常环保。

胡桃木（P158，P162）

胡桃木从边材到芯材，颜色有乳白色、浅棕色、深棕色和深咖啡色，色泽饱满。黑胡桃木质地坚硬，纹理紧密，常用于乐器、优质家具、地板等，也可用作雕刻材料。

桦木（P156，P166）

桦木属于硬质木材，易于使用，价格合理，是一种优质的工艺木材，被广泛用于木工制作中。它还可以用于制作玩具零件、压舌板、牙签、纸浆，以及高档家具等。

胶合板（P160，P182）

胶合板是用粘合起来的木单板制成的复合材料，是常用的木制品之一。它的弹性好，价格低廉，易操作，可再利用。胶合板不易开裂、收缩、翘曲，且强度均匀，常用于替代纯木。

秸秆（P152，P160，P164）

秸秆是一种农业副产品，大部分谷类作物的茎部都可用于生产秸秆，如大麦、燕麦、水稻、黑麦和小麦。秸秆可用作燃料和饲料，也可用于建家畜屋舍和茅屋，以及编织篮子，对其回收利用对环境保护有极大的帮助。

梅森奈特纤维板（P168）

梅森奈特（Masonite）是一种高密度纤维板，采用蒸煮分解和高压成型。纤维板中的木质素能自然黏合纤维，无须添加额外的黏合剂，同时长纤维使其具有较高的抗弯抗张强度、密度和稳定性。常用于制作绘画支架、乒乓球台，也可作为建筑材料使用。

软木（P160，P170）

软木是一种不透水的材料，由生长在欧洲西南部和非洲西北部的栓皮栎的树皮中的木栓层制成。软木的成分为疏水性物质木栓脂，具有抗渗性、弹性和耐火性，被广泛用于各种产品中，最常见的是用于制作葡萄酒瓶塞。

橡木（P158）

橡树生长于北半球，美国的橡树品种最多。橡木质地坚硬，防虫抗腐，耐用且纹理美观，常用于制作地板、家具和酒桶等，也可作为建筑材料。

薪柴（P174）

泛指收集起来用作燃料的木材，燃烧前通常需要把粗厚的木材劈开以加速燃烧。

竹子（P172）

竹子是草本家族的成员，也是地球上生长最快的植物之一。竹子的抗压强度比木和水泥更高，而抗张强度能媲美钢材，是目前最坚固的环保包装材料之一。竹子常常用于建筑、乐器、容器、餐具等，其独特的质感为产品提供了新颖的纹理。

日本传统节庆包装

工作室：Yuta Takahashi

设计师：Yuta Takahashi   书法作品：Mami

该包装为日本四国岛传统节日而设计，将传统与创新相结合。包装主体原型为庆典用的松木桶，木桶用秸秆编织包裹起来。设计师很好地平衡了工匠精神、传统文化与现代感之间的关系，希望通过现代设计令日本传统文化焕发活力。

秸秆

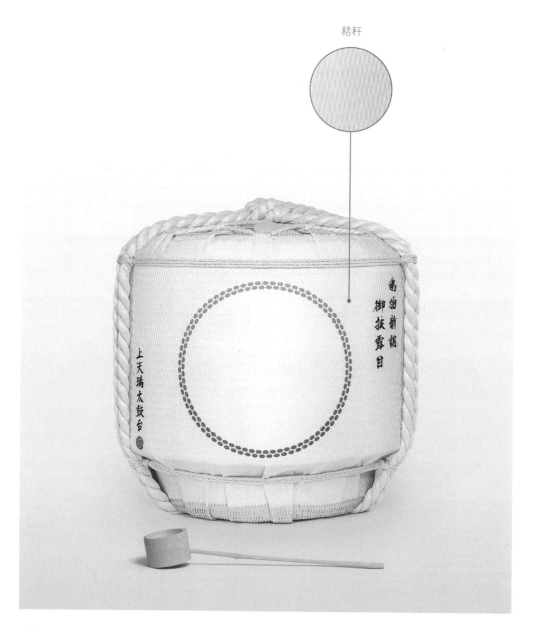

御披露日
織物新調
鶴

Bzzz 蜂蜜包装

工作室：Backbone
创意总监：Stepan Azaryan

最美味的蜂蜜藏在蜂巢里，但市场上很难买到这样的蜂蜜。设计师参考蜂巢的外形，用木材创作了这款产品的外包装，其内部是玻璃罐子。原生态的包装传达出自然、生态友好及口味纯正的信息。

白木

麻绳

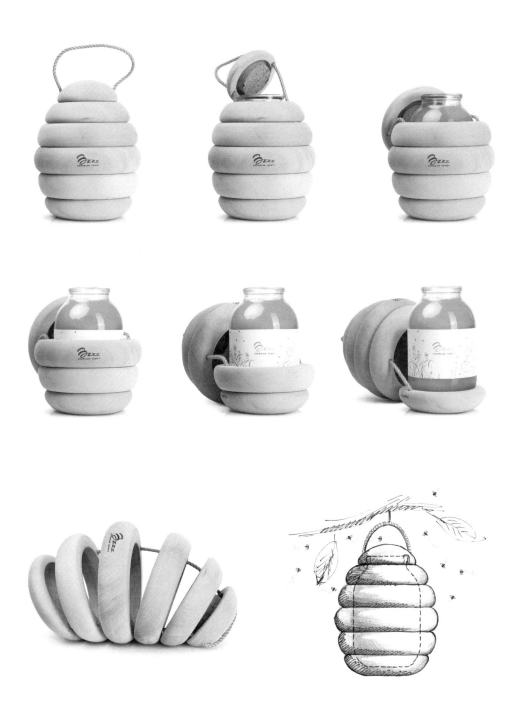

Cavallum 红酒包装

工作室：Ciclus　　设计师：Tati Guimarães
客户：Hera Holding

Cavallum 红酒的外包装可以变成一盏优雅的台灯。它是用可再生的硬纸板
以及从再造林项目中获得的木材制作而成的。独特的"红酒灯"可以作为
节日礼物，因此吸引了更多的顾客。

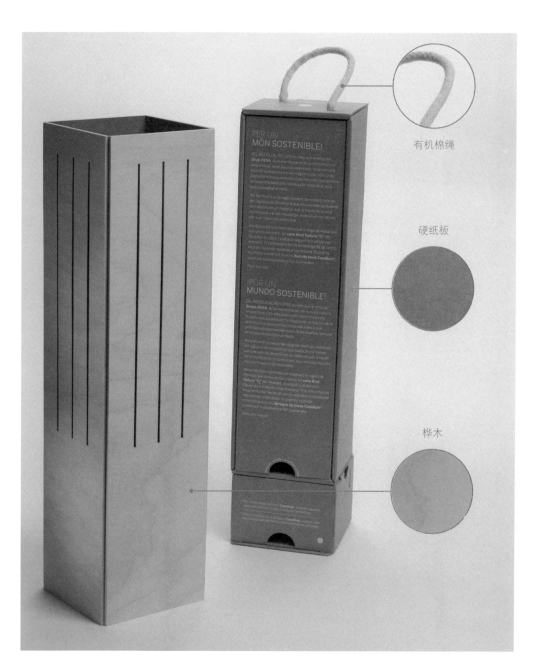

有机棉绳

硬纸板

桦木

KEEPSAKE 容器

设计师：Kristine Bjaadal

KEEPSAKE 容器由两个木壳组成，可以分别用作小碗，或者组合在一起作为闭合容器。它不仅是一件产品，也是一件雕塑。木质材料纹理自然，富有质感，结实耐用，而且会随着时间流逝变得更加美丽。

橡木

胡桃木

白蜡木

Jayyan 橄榄油包装

设计师：Esther Li

这个包装盒采用了红橡木胶合板，正面有激光蚀刻的品牌名称，盒内底部的秸秆可起到缓冲保护的作用。整个包装设计简约原生，同时也非常便于运输和展示。滑动拉开盒盖，会看到里面有三个区域：第一个区域放有橄榄油；中间是一本小册子，描述了橄榄油制作所需的香料和它们的配制；最后还有一个像抽屉的部分有五支装有香料的试管，例如西班牙海盐香料和烤大蒜粉香料。

胶合板
（红橡木）

秸秆

软木

KLOTZ 珠宝盒

设计师：Gerlinde Gruber

KLOTZ 珠宝盒由六个手工制作的木方块组成，胡桃木的表面用天然的油处理并上色。三个方块由皮带连接在一起，泡沫橡胶制成的内层可以将戒指固定住。一条纸带环绕在盒子外面，上面印有品牌商标。不同的木纹使每个珠宝盒都是独一无二的。

这款木质珠宝盒不仅能保护里面的首饰，还能衬托首饰的美感。另外，一个或多个 KLOTZ 珠宝盒可以通过创意的组合，在橱窗中或展会上展示。

胡桃木

泡沫橡胶

Maori Exotic Deli 熟食产品包装

设计师：Cedrik Ferrer

此款包装的灵感主要来自经典图案、手工艺材料、天然纹理及毛利人雕塑的色彩。使用天然材料可以传达出关注环境和可持续发展的信息，同时体现出品牌标准和价值的正面形象。对食品生产商而言，这也是一种理想的包装方式，可有效降低生产过程中废弃物对环境的影响。

秸秆

牛皮纸

Peltolan 蓝芝士包装

工作室：Packlab

这个新的包装和品牌设计大大提升了芬兰蓝芝士的价值。包装的正面使用精制的天然木材，反映芝士的精良制造过程。木材上的纹理中藏着细节——描绘了农场、奶牛、拖拉机，还有自然风光。当这些包装堆叠起来，包装底部的图案一起构成了"一棵桦树"。

桦木

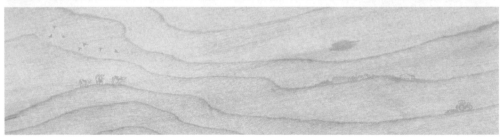

WELFE 珠宝包装

设计师：Wonchan Lee
客户：WELFE

这款包装为了体现该品牌创始人身为建筑师的背景，采用了纤维板作为包装的材料。整体包装没有采用任何油墨印刷，而是使用激光切割和雕刻的工艺。这不仅环保和节省成本，也体现了出它的独特性。

梅森奈特纤维板

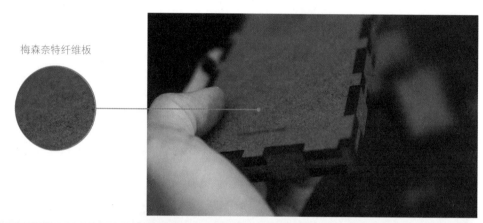

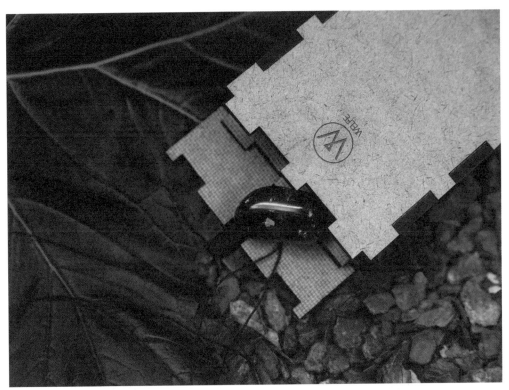

New Age Power 饮品包装

工作室：Apicula　艺术总监：Vera Oliveira，Hugo Araújo
客户：New Age Power

New Age Power 是一款丹麦饮料，成分天然，不含人造香精，富含维生
素。特别版的标签在材料上使用了更加天然和环保的软木，并配合激光雕
刻工艺。它还有一个特点就是可以剥下来重复使用，这大大加强了 New
Age Power 纯天然的形象。软木还具有良好的隔热、隔冷效果，顾客可以
在享用冰冻饮料的同时保持双手的温度。

软木

竹茶包装

设计师：Shen Fanqi

这个竹制的包装除了装茶叶，还可以用作喝茶的杯子，
这样的双重功能大大提升了包装的环保价值。

再生纸

竹子

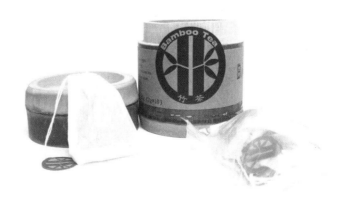

FIREWOOD 伏特加包装

设计师：Constantin Bolimond

薪柴是用于壁炉或熔炉的木材，人们通过燃烧薪柴获得光和热。这款名为
"薪柴"的伏特加的外包装材料采用了薪柴，传达出"不只温暖你的身体，
更温暖你的灵魂"这一概念。

薪柴

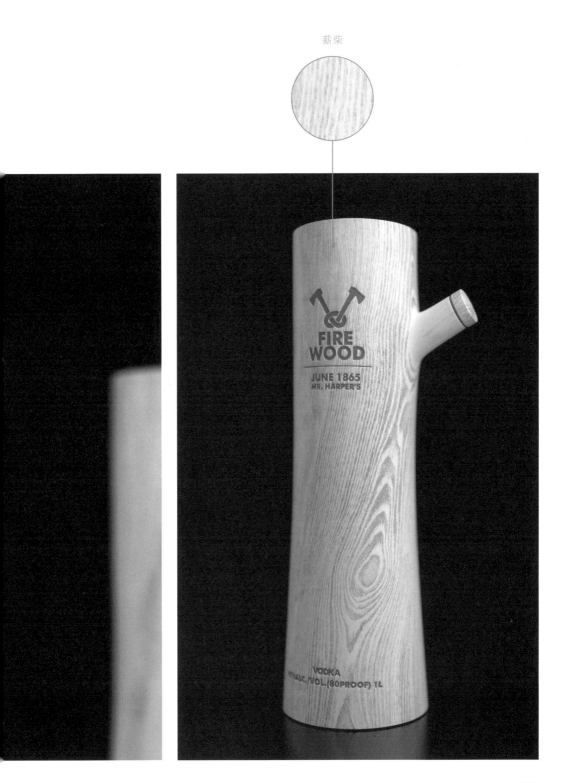

开心蛋包装

设计师：Maja Szczypek

这款开心蛋的目标顾客是既关心产品质量又注重环保的人群，包装材料使用了可持续材料——热压定型的干草。包装外形模仿了母鸡的窝，就好像让鸡蛋回到了本来的家。除了外形，该包装特有的芳香也可以吸引顾客。

干草

八马茶"观想"系列包装

工作室：KL&K Design　创意总监：Ko Siu Hong
艺术总监：Zhuang Sisi　设计师：Luo Huagui，Liu Junjie

八马公司定位高端，该系列产品的包装旨在从概念、外观
和材料三个方面彰显品牌的魅力。包装材料运用考究，
使用了陶瓷、木和锡，突出了产品的尊贵品位，同时也
完美地诠释了八马公司刚柔并济的生活哲学。

锡

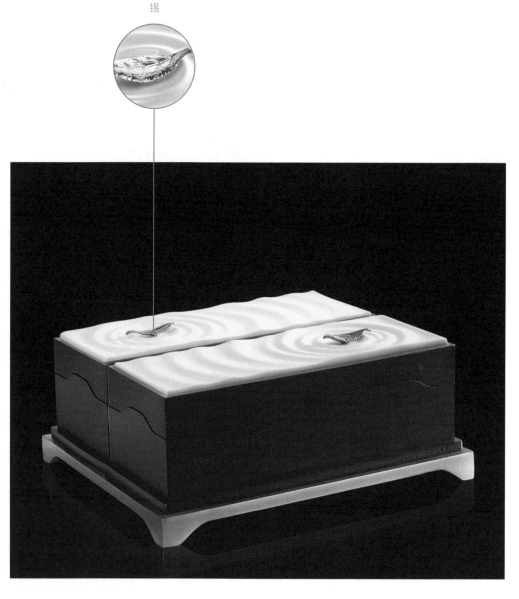

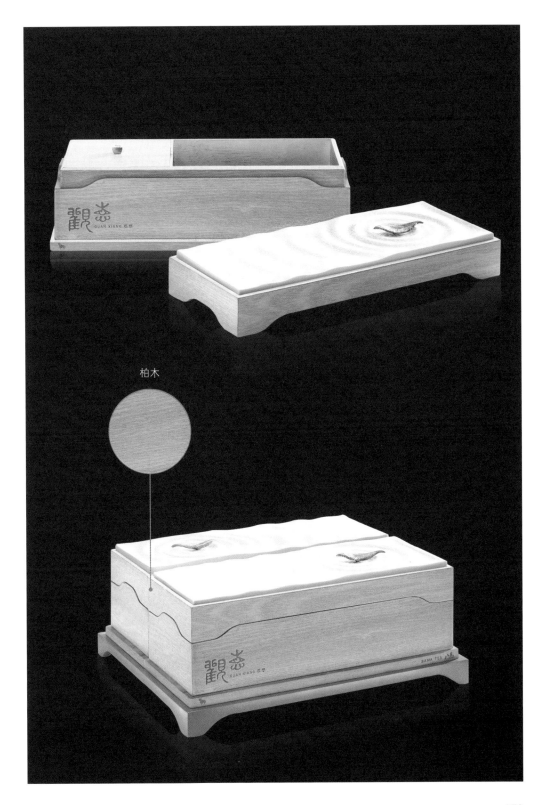

柏木

八马茶 "尔礼" 系列包装

设计公司：KL&K Design　创意总监：Ko Siu Hong
艺术总监：Zhuang Sisi　设计师：Luo Huagui, Liu Junjie

"尔礼"系列是八马公司推出的一款高端普洱产品。该
系列产品的包装选用原生态的材质，既能体现产品的古
朴和厚重感，又能满足普洱通风存放的要求。以光绪年
间金瓜贡茶为原型的金属锭是整个包装的点睛之笔，也
是一个记忆点。整体包装风格现代，材料与工艺讲究，
延续了八马尊贵、优质、真诚的品牌价值。

柏木

The Victory Garden 蔬菜种子包装

设计师：Candace Gerard

该项目是蔬菜种子的展示和推广包装。包装材料为木材，其颜色仿照了旧海报，商标的设计灵感来自复古标签，而包装上的花纹以经典的墙纸花纹为灵感来源。

胶合板

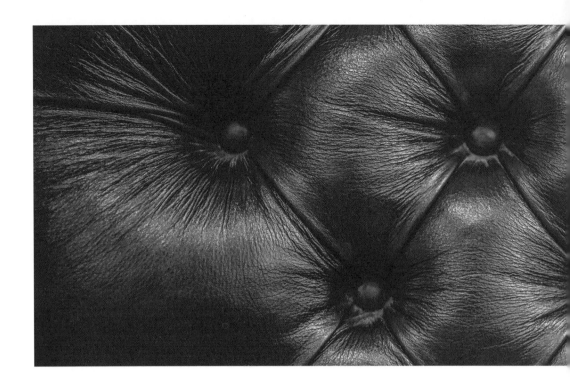

皮革

皮革包装材料具有柔软性好、耐磨、不易脱色、不易断、不易变形等性能，广泛应用于酒类包装、礼品包装和奢侈品包装等。

近年来人们保护动物和保持生态多样性的观念不断增强，目前大部分包装材料采用人造皮革代替真皮。人造皮革通过混合多种类型的化学纤维制成。人造皮革面积较大，可以印染更多种色彩和图案，外观上可以仿制各种真皮纹理。但其最大的弊端在于不易降解，对环境有污染。皮革材料的包装往往能增添产品的奢华感，其手感舒适，外观时尚精美，摆在货架上特别能引人注意。它给产品带来了附加值，除了能满足消费者的审美和精神需求，还能在很大程度上提升品牌与企业的形象。

优势：柔软，耐磨，不易脱色，时尚美观

人造革（P186、P190）

仿真皮制品，制作方法有多种，通常以纺织物为基底，在上面覆盖合成材料制作而成。常用于椅垫、鞋、书套等。

鞣制皮革（P188、P192，P194）

通过使用鞣剂对动物生皮进行化学和物理加工处理而成，其质地柔软，耐磨，不易被腐蚀，耐高温。鞣皮工艺有多种，常见的有植鞣和铬鞣。

Amarone 红酒包装

设计师：Denise Focil
客户：Alpinestars by Denise Focil

这款限量版红酒的酒瓶上嵌有白色皮革标签，外包装则
是有黑色刻字的白色皮革箱，造型如同复古旅行箱。皮
革箱上点缀着金属铆钉以及刻有商标的金属铭牌。

人造革

HMNY 红酒包装

创意总监：Hideyoshi Nagoya
设计师：Motomi Morii

这款包装的设计理念是用更少的材料制作出漂亮又可以重复利用的酒瓶袋。合成皮革的特性使包装的耐受性好，不易破损，在不使用的时候可以将其还原成片状，非常便于携带。

鞣制皮革

Femme Fatale 红酒包装

工作室：Boldinc　创意总监：Jon Clark
设计师：Pam Partridge Jodi Hooker，Kent Walker

黑色的皮革盒子与红色亮 UV 的瓶身相结合，为这款红
酒带来诱人的外观。打开黑色包装盒后，红色内衬显露
无遗，吸引力十足。

人造革

Glenrothes 麦芽威士忌包装

工作室：Brandhouse　创意总监：David Beard
设计师：Bronwen Edwards

瓶身设计的灵感来源于经典格伦罗西斯瓶的轮廓，玻璃切面与瓶身轮廓相
呼应。刻有蒸馏年份和酒瓶编码的抛光黄铜铭牌镶嵌在瓶身中央。每个瓶
子上的信息都由酿酒师亲手标注，另外，瓶塞是由蒸馏威士忌的木桶制成
的。总体而言，这是一个独特的、地道的威士忌酒瓶，尽可能多地使用了
酒桶的材料，并装在手工制作的皮革盒内，尽显奢华之感。

鞣制皮革

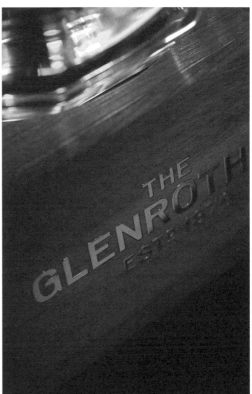

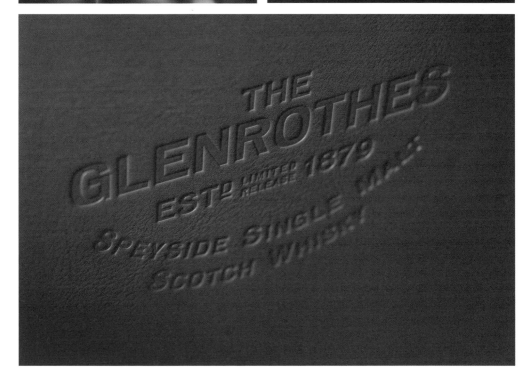

Casa Sauza XA 龙舌兰包装

工作室：Studio Davis（3D），Osborne Pike（平面）
创意指导：Will Davis（3D），David Pike（平面）
客户：Beam Inc.

金属扣和真皮皮带的瓶身是这款包装最为瞩目的特点，
令人想起墨西哥尊贵人士所用的马鞍，配上金属瓶盖，
尽显这款限量版龙舌兰酒的精致与高贵。

鞣制皮革

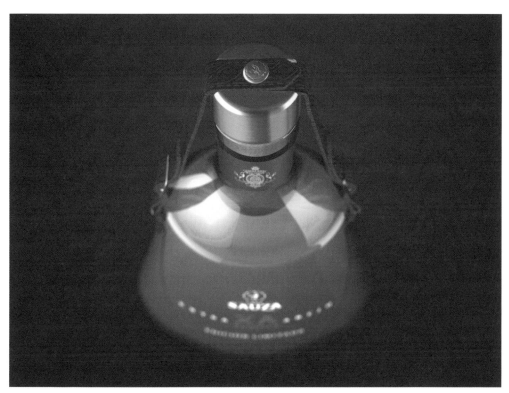

致 谢

善本在此诚挚感谢所有参与本书制作与出版的公司与个人，该书得以顺利出版并与各位读者见面，全赖于这些贡献者的配合与协作。感谢所有为该专案提出宝贵意见并倾力协助的专业人士及制作商等贡献者。还有许多曾对本书制作鼎力相助的朋友，遗憾未能逐一标明与鸣谢，善本衷心感谢诸位长久以来的支持与厚爱。